高等学校化学实验教材

化工原理实验（修订版）

主　编　丁海燕

副主编　刘西德　伍联营　刘　敏

张秀玲　丁养军

中国海洋大学出版社

·青岛·

图书在版编目(CIP)数据

化工原理实验 / 丁海燕主编. —修订本. —青岛：
中国海洋大学出版社，2013.7(2016.9 重印)
高等学校化学实验教材
ISBN 978-7-5670-0324-8

Ⅰ.①化…　Ⅱ.①丁…　Ⅲ.①化工原理－实验－高等
学校－教材　Ⅳ.①TQ02-33

中国版本图书馆 CIP 数据核字(2013)第 115527 号

出版发行	中国海洋大学出版社		
社　　址	青岛市香港东路 23 号	邮政编码	266071
网　　址	http://www.ouc-press.com		
电子信箱	xianlimeng@gmail.com		
订购电话	0532—82032573(传真)		
丛书策划	孟显丽		
责任编辑	孟显丽	电　话	0532—85901092
印　　制	日照报业印刷有限公司		
版　　次	2013 年 7 月第 2 版		
印　　次	2016 年 9 月第 3 次印刷		
成品尺寸	170 mm×230 mm		
印　　张	11.375		
字　　数	210 千		
定　　价	24.80 元		

总 序

  化学是一门重要的基础学科,与物理、信息、生命、材料、环境、能源、地球和空间等学科有紧密的联系、交叉和渗透,在人类进步和社会发展中起到了举足轻重的作用。同时,化学又是一门典型的以实验为基础的学科。在化学教学中,思维能力、学习能力、创新能力、动手能力和专业实用技能是培养创新人才的关键。

  随着化学教学内容和实验教学体系的不断改革,高校需要一套内容充实、体系新颖、可操作性强、实验方法先进的实验教材。

  由中国海洋大学、曲阜师范大学、聊城大学和烟台大学等 12 所高校编写的《无机及分析化学实验》、《无机化学实验》、《分析化学实验》、《仪器分析实验》、《有机化学实验》、《物理化学实验》和《化工原理实验》7 本高等学校化学实验系列教材,现在与读者见面了。本系列教材既满足通识和专业基本知识的教育,又体现学校特色和创新思维能力的培养。纵览本套教材,有五个非常明显的特点:

  1.高等学校化学实验教材编写指导委员会由各校教学一线的院系领导组成,编指委成员和主编人员均由教学经验丰富的教授担当,能够准确把握目前化学实验教学的脉搏,使整套教材具有前瞻性。

  2.所有参编人员均来自实验教学第一线,基础实验仪器设备介绍清楚、药品用量准确;综合、设计性实验难度适中,可操作性强,使整套教材具有实用性。

  3.所有实验均经过不同院校相关教师的验证,具有较好的重复性。

  4.每本教材都由基础实验和综合实验组成,内容丰富,不同学校可以根据需要从中选取,具有广泛性。

  5.实验内容集各校之长,充分考虑到仪器型号的差别,介绍全面,具有可行性。

  一本好的实验教材,是培养优秀学生的基础之一,"高等学校化学实验教材"的出版,无疑是化学实验教学的喜讯。我和大家一样,相信该系列教材对进一步提高实验教学质量、促进学生的创新思维和强化实验技能等方面将发挥积极的作用。

高从堦

2009 年 5 月 18 日

总　前　言

实验化学贯穿于化学教育的全过程,既与理论课程密切相关又独立于理论课程,是化学教育的重要基础。

为了配合实验教学体系改革和满足创新人才培养的需要,编写一套优秀的化学实验教材是非常必要的。由中国海洋大学、曲阜师范大学、聊城大学、烟台大学、潍坊学院、泰山学院、临沂师范学院、德州学院、菏泽学院、枣庄学院、济宁学院、滨州学院 12 所高校组成的高等学校化学实验教材编写指导委员会于 2008 年 4 月至 6 月,先后在青岛、济南和曲阜召开了 3 次编写研讨会。以上院校以及中国海洋大学出版社的相关人员参加了会议。

本系列实验教材包括《无机及分析化学实验》、《无机化学实验》、《分析化学实验》、《仪器分析实验》、《有机化学实验》、《物理化学实验》和《化工原理实验》,涵盖了高校化学基础实验。

中国工程院高从堦院士对本套实验教材的编写给予了大力支持,对实验内容的设置提出了重要的修改意见,并欣然作序,在此表示衷心感谢。

在编写过程中,中国海洋大学对《无机及分析化学实验》、《无机化学实验》给予了教材建设基金的支持,曲阜师范大学、聊城大学、烟台大学对本套教材编写给予了支持,中国海洋大学出版社为该系列教材的出版做了大量组织工作,并对编写研讨会提供全面支持,在此一并表示衷心感谢。

由于编者水平有限,书中不妥和错误在所难免,恳请同仁和读者不吝指教。

高等学校化学实验教材编写指导委员会

2009 年 7 月 10 日

前　言

　　"化工原理"是化学工程与工艺、环境科学与工程、材料科学与工程、食品科学与工程、生物化工、应用化学等专业重要的专业技术基础课,化工原理实验则是学习掌握和运用这门课程必不可少的重要环节,它与理论教学、课程设计等教学环节构成一个有机整体。近20年来,化学工程、石油化工、生物工程、环境工程、材料科学与工程等学科和行业得到了飞速发展。在这些发展中,化工原理课程所研究的动量、热量、质量等传递过程的原理和方法得到了充分的运用,取得了明显的成绩,突出地表现出了这门课程的科学性和实用性,因此这门课程得到了越来越多人的重视。

　　当前科技发展的一些重要领域,如新材料研发、新能源开发、环境保护、节能降耗等都与传递过程密切相关,对传递过程与设备的研究提出了更高的要求,改进和开发新型、高效、低耗、实用的传递设备也成为一项紧迫的任务。在这种背景下,科技和社会的发展对高等院校人才的培养提出了更高的要求,高等院校要适应新形势的需要,必须加强实践环节的教学,培养社会需要的具备一定理论修养和实验研究能力的高素质创新型人才。为此,目前各高校普遍加强了化工原理实验教学环节,并对现有的化工原理实验设备进行了更新换代,以体现时代技术发展的特征,满足实验教学的需要。

　　为了适应我省各高校化工原理实验教学的需要,特别是满足各高校更新换代后的化工原理实验装置的教学需要,作者根据我省高校实际的化工原理实验开设状况,编写了本教材。本书既注重各高校的特点,又注重教材的整体一致,在实验内容的安排上,注重其典型性和代表性,实验内容覆盖面广,涵盖了流体流动、传热、精馏、吸收、萃取、干燥等典型的化工单元操作过程,既有原理性实验,又有综合性实验。在内容的安排上又注重灵活性,部分实验既可以作为必修实验,也可以作为选做实验,同时,增加了部分研究型实验,供学生进行实验技能的训练和培养,以培养学生的实验研究能力和分析问题、解决问题的能力。

　　由于化工实验设备的差异,本书特别针对部分典型实验介绍了几套不同的实验装置和实验体系,可供各高校根据实验条件和教学要求选用。

　　使用本教材时,建议化学工程与工艺专业教学时数为50学时左右,可选做其中 8~12 个实验。其他相关专业如环境科学与工程、材料科学与工程、食品科学与工程、生物化工、应用化学等专业则建议教学时数为 30~40 学时,可选择其中 6~8 个实验。使用本教材时,各学校可以根据本校的具体教学要求进行适当的安排和选择。有些实验可以作为演示实验,有些实验可以适当增加教学时数由学生自行设计实验方案或者作为学生的选做实验,以加大学生实验技能的训练和培养。

本书由烟台大学的丁海燕、曲阜师范大学的刘西德、中国海洋大学的伍联营、聊城大学的刘敏、德州学院的张秀玲和刘爱珍、泰山学院的冯兆华、菏泽学院的陈艳丽、滨州学院的解胜利编写,丁海燕担任主编。其中绪论、第一章、第二章、传热试验、板式塔流体力学性能测定实验、填料塔流体力学性能测定实验、萃取实验、正交试验法在过滤实验中的应用、板式塔精馏的操作与调节实验、填料性能的评价实验、传质强化实验和萃取-精馏联合过程实验由丁海燕编写;离心泵特性曲线的测定、填料塔精馏实验、吸收(解吸)传质系数的测定实验由刘西德与丁海燕共同编写;搅拌器性能测定实验、膜性能测定实验、集成膜分离实验和热集成精馏实验由伍联营编写;流量计的校正、板式塔精馏操作与塔效率的测定由刘敏编写;流体流动阻力的测定由张秀玲编写;恒压过滤常数的测定实验由刘爱珍与丁海燕共同编写;雷诺实验、洞道干燥实验由冯兆华编写;列管换热器总传热系数的测定由陈艳丽编写;机械能转化实验由解胜利编写;强化传热综合实验由丁海燕、刘敏、陈艳丽共同编写;流化床干燥实验由丁海燕与冯兆华共同编写;全书由丁海燕统稿。

在本书编写过程中得到了烟台大学齐世学教授、张庆副教授、张晓杰副教授的大力支持与帮助,在此表示感谢。

本书可作为高等院校化学工程与工艺、环境科学与工程、材料科学与工程、食品科学与工程、生物化工、应用化学等专业的化工原理实验课程的教材,也可作为相关专业的参考教材。

由于时间仓促,加之作者水平有限,错误与不足之处在所难免,衷心希望各位老师和同学在使用本书时提出批评和改进意见,以便及时修正和补充。

编 者

2009 年 7 月

目 次

绪　论

　　"化工原理"是化学工程、生物化工、环境工程、材料科学与工程等专业重要的技术基础课,其历史悠久,已形成了完整的教学内容与教学体系。该课程与生产实际联系密切、实践性强,课程所涉及的理论及计算与实验研究紧密相连。因此,"化工原理"是建立在实验基础上的学科。"化工原理实验"是学习掌握和运用这门课程必不可少的环节,它与理论教学、课程设计等教学环节构成了一个有机整体,其在"化工原理"的教学中占有重要地位。

　　以前"化工原理实验"常以验证课堂理论为主,教学安排上也仅作为"化工原理"课程的一部分。近20年来,由于化学工程、石油化工、生物工程、环境工程、材料科学等学科和行业的飞速发展,"化工原理"课程所研究的动量、热量、质量等传递过程的原理和方法得到了充分的运用,取得了明显的成绩,突出地表现出了课程的科学性和实用性,因此这门课程得到了越来越多人的重视。同时,当前科技发展的一些重要前沿领域,如新材料研发、新能源开发、环境保护等都与传递过程密切相关,对传递过程与设备的研究提出了更高的要求,改进和开发新型、高效率、低能耗的传递设备也成为一项紧迫的任务。在这种背景下,科技和社会的发展对高等院校人才的培养也提出了更高的要求,要适应新形势的需要必须加强学生实践环节的教育,培养社会需要的具备一定理论修养和实验研究能力以及解决实际问题能力的复合型人才。因此,目前国内各高校普遍加强了"化工原理实验"教学环节,并对现有的"化工原理实验"设备进行了更新换代,以体现时代技术发展的特征,满足实验教学的需要。各高校在"化工原理"的教学中将"化工原理实验"单独设课,并编写独立的"化工原理实验"教学大纲,从而确立了"化工原理实验"在培养学生中的应有地位。

　　"化工原理实验"与一般化学实验有显著的不同,它具有明显的工程实验的特点,即所处理的物料种类繁多、使用的设备大小不一、测量仪表品种多样、实验过程中要考虑的变量较多,远比基础实验课程复杂。新形势下"化工原理实验"教学的主要任务不仅是实验技能的训练,更应该是一种科学研究方法的培养。

一、"化工原理实验"的教学目的

1. 巩固和深化理论知识

　　"化工原理"课程中所讲授的理论、概念或公式,学生对它们的理解往往是肤浅的,对于各种影响因素的认识还不深刻,当学生做了"化工原理实验"后,对于基本原理的理解、公式中各种参数的来源以及使用范围会有更深入的认识。例如离心泵的性能实验,安排了不同转速下泵的性能测定。第一步让学生固定泵的转速,改变阀门开度,测得一组定转速下的泵的性能曲线,再改变泵的转速,按同样操作步骤,可以得到变转速下一系列泵的性能曲线;第二步让学生固定管道中的阀门开度,改变泵的转速,可以得到一根管道性能曲线,再改变管道中的阀门开度,又可以测得改变管道阻力的一系列管道性能曲线。通过实验可测出一系列泵的性能曲线和管道性能曲线,了解泵性能和管道性能的各种影响因素,从而帮助学生理解从书本上较难弄懂的概念。

2. 培养学生实验研究的能力

实验教学的核心任务是培养学生的实验研究能力。这种能力主要包括:为了完成一定的研究课题,设计实验方案的能力;进行实验及观察和分析实验现象的能力;正确选择和使用测量仪表的能力;利用实验的原始数据进行数据处理以获得实验结果的能力;运用文字表达技术报告的能力。这些能力是进行科学研究的基础,对学生将来走向工作岗位独立设计新实验、从事科研与开发工作具有重要作用。学生只有通过一定数量的基础实验与综合实验练习,经过反复训练才能掌握各种实验能力。

3. 培养学生实事求是、严肃认真的学习态度

实验研究是实践性很强的工作,"化工原理实验"课程要求学生具有一丝不苟的工作作风和严肃认真的工作态度。从实验操作、现象观察到数据处理等各个环节都要认真对待,如果不能认真操作则很难得到理想的实验结果,甚至可能造成设备损失。

总之实验教学是培养学生理论联系实际、分析问题和解决问题能力的重要教学环节。它不仅能传授学科知识、验证学科理论、掌握实验操作技能,而且能通过实验教学培养学生的动手能力以及发现问题、分析问题和解决问题的能力、收集信息、处理信息的能力和设计思维、开拓意识、创新能力等科学素养。

二、"化工原理实验"的教学要求

"化工原理实验"对于大部分学生来说是第一次用工程装置进行实验,学生往往会感到陌生甚至无从下手,同时由于"化工原理实验"大多是几个人一组,部分学生会产生依赖思想而影响教学效果。因此,为了切实收到良好的教学效果,学生要做到实验前预习、实验操作过程中严肃认真、实验结束认真进行总结。

1. 实验前的预习

(1)认真阅读实验教材:要清楚地掌握实验目的和实验要求、实验所依据的原理、实验步骤及所需测量的参数;熟悉实验所用测量仪表的使用方法,掌握其

操作规程和安全注意事项。

（2）到实验室后在现场熟悉实验设备和流程，确定操作程序、所测参数、所测参数的单位及所测数据点如何分布等。

（3）具备计算机辅助教学手段时，可让学生在实验前先进行计算机仿真练习。通过计算机仿真练习，熟悉各个实验的操作步骤和注意事项，以增强实验效果。

（4）在预习和计算机仿真练习基础上，写出实验预习报告。预习报告内容应包括实验目的、原理、流程、操作步骤、实验中要测量的参数、实验中要重点注意的问题等。准备好原始数据记录表格，并标明各参数的单位。

（5）特别要思考一下设备的哪些部件是关键部件、哪些操作步骤可能会产生危险以及如何避免，以保证实验过程的安全性。

2. 实验数据的记录

（1）按原始实验数据记录表的要求记录各项实验数据，包括记录实验条件（实验条件一般包括环境条件、仪器设备和药品条件，前者如室温、大气压、湿度等，后者包括使用仪器设备的名称、规格、型号、实验精度以及药品的名称、纯度等）。

（2）必须在实验数据稳定后读数，条件改变后要等待一定时间后再读取数据，避免管路系统中含有气泡或仪表滞后等引起的读数不准情况的发生。

（3）记录实验数据必须准确、可靠，严禁随意修改数据。在相同的实验条件下，至少应读取两次数据，而且只有在两次读数相近的情况下才可改变实验条件进行下一步操作。数据记录必须真实地反映仪表的精度，一般要记录至仪表最小分度下一位数。

（4）实验中如果出现不正常情况以及数据有明显误差时，应在备注栏中加以注明。

3. 实验过程的操作

（1）实验操作是动手动脑的重要过程，一定要严格按照操作规程进行，安排好测量参数、测量范围、测量点数目、测量点的疏密等。

（2）实验进行过程中，操作要平稳、认真、细心。观察现象要仔细，记录数据要认真，实验数据要记录在准备好的表格内，实验现象要详细记录在记录本上。学生要注意培养严谨的科学作风，养成良好的习惯。

（3）实验结束后要整理好原始数据，将实验设备恢复原状，切断电源，打扫卫生，经教师允许后方可离开实验室。

4. 实验后的总结——编写实验报告

实验完成后要编写实验报告，实验报告是实验工作的全面总结和系统概括，也是一份技术文件，是对实验结果进行评估的文字材料。通过书写实验报告，学生能在实验数据处理、作图、误差分析、问题归纳等方面得到全面提高。

"化工原理实验"报告的内容应包括实验目的、基本原理、实验装置与流程、实验操作方法、注意事项、原始数据记录、数据处理、作表或图、数据计算过程举例及对实验结果的分析讨论，最后给出实验结论。特别要注重实验结果的分析与讨论，它是学生对实验原理、实验方法及结果进行的综合分析，包括对实验结果从理论上进行分析和解释；对实验现象特别是异常现象的分析和讨论；对实验数据经整理后呈现出的特性和规律与理论的计算结果或文献资料加以比较并分析，找出引起误差的原因，这些原因可能是设备不完善或是仪器的精度不够、使用不当或是测量方法和运算方法不正确等造成的。学生通过对实验数据和实验结果的分析与讨论，可以针对实验提出进一步的研究方向或对实验方法和实验装置提出改进建议，逐步培养独立思考问题和分析问题的能力。

三、"化工原理实验"的考核

传统的实验考核多以学生的实验报告为依据，这种考评方式容易忽略学生的实践能力和综合能力，既不客观，也不利于学生综合素质的培养。"化工原理实验"的考评方式可以多种多样，既有统一的考察，也可以针对某一实验进行抽查。"化工原理实验"成绩一般应包括两个部分，第一部分包括学生实验态度、回答实验问题的准确程度、实验操作的规范性、实验中发现问题及解决问题的能力、实验结果以及对实验结果的分析与讨论、实验成败的分析、对所用实验装置的评价和设计改进措施等；第二部分为最后的考试成绩。这种考评方式不仅能较好地反映学生的综合素质，也使学生能够重视实验课程的学习并养成良好的学习习惯。

四、"化工原理实验"的研究方法

"化工原理实验"的研究方法主要有实验法和数学模型法两种方法。

1. 实验法

(1)直接实验法：一种最初采用的方法，用于数学分析法无法解决的工程问题，通过对被研究的对象进行直接观察、实验以获取其相关参数间的规律。显然，这种研究方法得出的只是个别参数间的规律性关系，不能反应对象的全部本质，由此法所得到的结果是可靠的，但是，只适应于特定的实验条件和设备。因此，该方法仅仅能推行到实验条件完全相同的现象上去，具有较大的局限性。

(2)量纲分析理论指导下的实验方法：量纲分析法是通过对描述某一过程或现象的物理量进行量纲分析，将物理量组合为无量纲变量，然后借助实验数据，建立这些无量纲变量间的关系式。它不一定使用真实的物料或采用实际的设备尺寸,只通过模拟物料(如空气、水)在实验室规模的设备中,由初步实验或分析找出过程的影响因素,按照量纲分析方法将其组成若干个无量纲的数群,然后,利用实验求出各个无量纲数群之间的具体函数关系,由这种方法得到经验公式。在量纲理论指导下的实验研究方法具有以小见大、由此及彼的优点,是解决难以作出数学描述的复杂问题的有效方法。

2. 数学模型法

数学模型法是在对所研究的过程的内在规律进行深入研究并充分认识的基础上,将复杂问题高度概括,提出足够简化而又不至于失真的物理模型,然后进行数学描述——数学方程。这种方法同样具有以小见大、由此及彼的优点。若能确定方程的初始条件、边界条件,并选择适宜的计算方法,即可求解方程。数学模型法离不开实验,因为简化模型由对过程有深刻的理解而来,其合理性能需要实验来检验,模型中引入的参数也需要通过实验来测定。其进行步骤为由预实验认识过程,设想简化模型—建立数学模型—由实验检验简化模型的合理性—由实验确定模型参数。在这一过程中,简化模型的建立是很重要的一步,这种简化模型的建立源于对过程的认识。一般来说,对过程本质和规律的认识越深刻,建立的物理模型就越合理,其数学描述也越准确,实验检验也越顺利。

"化工原理"教材过滤方程的求解过程就是数学模型法的例子。将流体通过颗粒床层的不规则流动简化为流体通过许多平行排列的均匀细管的流动,在一定的假定条件下建立数学模型,通过实验再确定模型参数。

五、"化工原理实验"室的安全知识

"化工原理实验"与四大基础化学实验有所不同,基本上每一个实验都相当于一个小型单元操作过程,由电器、仪表及机械传动设备等组合为一体,因此,要特别注意实验设备及仪表的安全使用。有些实验过程还要在高压、高温、低温或高真空条件下操作,因此,在进行实验操作之前必须掌握实验室在防火、用电、高压钢瓶及化学药品使用等方面的安全知识。

1. 防火安全

化工实验室发生火灾的隐患主要包括易燃化学品及电器设备或加热系统等。在实验操作过程中首先要避免火灾的发生,如在实验室不要存放过多的易燃品,用后及时回收、处理;在实验前要检查电器设备,对已经老化的线路要及时更换。另外必须要熟悉消防器材的使用方法,一旦发生火情,应该冷静判断情况进行灭火,并尽快报警。

2. 用电安全

(1)实验前,必须了解室内总电闸及分电闸的位置,便于在发生用电事故时及时切断电源。

（2）接触或操作电器设备时，手必须干燥，不能用试电笔去试高压电。

（3）导线的接头应紧密牢固，裸露的部分必须用绝缘胶布包好或用塑料管套好；接头损坏或绝缘不良时应及时更换，进行上述操作或电器设备维修时必须停电作业。

（4）电源或电器设备上的保护熔断丝（或保险丝）应该在规定电流内使用，不能任意加大，更不能用铜丝或铝丝代替。所有电器设备的金属外壳应接地线，并定期检查是否连接良好。

（5）启动电动机时，合闸前先用手转动一下电机的轴，合上电闸后，立即查看电机是否已转动；若不转动，应立即拉闸，否则电机很容易烧毁。

（6）若用电设备是电热器，在通电之前，一定要搞清楚进行电加热所需要的前提条件是否已经具备。比如在精馏塔实验中，在接通塔釜电热器之前，必须清楚釜内液面是否符合要求，塔顶冷凝器的冷却水是否已经打开。

3. 高压钢瓶的安全使用

高压钢瓶是一种储存压缩气体或液化气的高压容器。钢瓶一般容积为 40~60 L，其所储存的某些气体本身是有毒或易燃易爆气体，故使用钢瓶一定要掌握其构造特点和安全知识，以确保安全。钢瓶主要由筒体和瓶阀构成，其他附件还有保护瓶阀的安全帽、开启瓶阀的手轮、使运输过程中不受震动的橡胶圈，另外，在使用时，瓶阀出口还要连接减压阀和压力表（俗称气表）。标准高压钢瓶按国家标准制造，经有关部门严格检验后方可使用。各种钢瓶使用过程中还必须定期送有关部门进行水压实验。经过检验合格的钢瓶，在瓶肩上会打上下列信息：制造厂家、制造日期、钢瓶型号和编号、钢瓶质量、钢瓶容积、工作压力、水压实验压力、水压实验日期和下次送检日期。

气体钢瓶是由无缝碳素钢或合金钢制成的，适用于装介质压力 15.0 MPa以下的气体。使用气体钢瓶的主要危险是气瓶可能爆炸和漏气。已充气的气体钢瓶爆炸的主要原因是气瓶受热而使其内部气体膨胀，以致压力超过气瓶的最大负荷而爆炸。另外，可燃性气体的漏气也会造成危险，如氢气泄露时，与空气混合后体积分数达到 4.0%~75.2%时，遇明火就会发生爆炸。因而在使用高压钢瓶时要注意以下事项：

（1）搬运钢瓶时应戴好钢瓶帽和橡胶安全圈并严防钢瓶摔倒或受到撞击，以免发生意外事故。钢瓶应远离热源，放在阴凉干燥的地方。使用时必须牢固地固定在架子上、墙上或实验台旁。

（2）绝对不可使油或其他易燃性有机物沾污在气瓶上，特别是出口和气压表处；也不可用棉、麻等堵漏，以防燃烧引起事故。

（3）使用钢瓶时，一定要用气压表，而且各种气压表不能混用。一般可燃性气体的钢瓶螺纹是反扣的(如 H_2),不可燃或助燃性气体的钢瓶气门螺纹是正扣的(如 O_2,N_2)。

(4)使用钢瓶时必须连接减压阀或高压调节阀,不经这些部件让系统直接跟钢瓶连接是非常危险的。

(5)开启钢瓶阀门及调压时,人不要站在气体出口的前方,头不要在瓶口上方,以防钢瓶的总阀门或气压表被冲出伤人。

(6)当钢瓶使用到瓶内压力为 0.5 MPa 时,应停止使用。压力过低会给重新充气带来不安全因素,当钢瓶内的压力与外界压力相同时,会引起空气的进入。

4.汞的安全使用

汞蒸气的最大安全浓度为 0.01 mg·m^{-3},而 20℃时,汞的饱和蒸气压为 0.2 MPa,比安全浓度大 100 多倍。若在一个不通风的房间内,又有汞直接暴露于空气中,就有可能使空气中汞蒸气超过安全浓度,所以必须严格遵守以下有关安全用汞的操作规定:

(1)汞不能直接暴露于空气中,为此,在容器内汞的上面应加水或其他液体覆盖,然后再给容器加盖。

(2)取汞时一定要缓慢倾斜倒出,以免溅出,并在浅搪瓷盘内进行。

(3)实验操作前应检查用汞仪器安放处或仪器连接处是否牢固,及时更换已老化的橡皮管,橡皮管或塑料管的连接处一律用金属结缚牢,以免在实验时脱落使汞流出。

(4)当有汞散落在地上、桌上或水槽等处时,应尽可能地用吸汞管将汞珠收集起来,再用金属片(如 Zn,Cu)在汞溅落处多次刮扫,最后用硫黄粉覆盖在有汞溅落的地方,并摩擦之,使汞变为 HgS;也可用 $KMnO_4$ 溶液使汞氧化。擦过汞的滤纸或布块必须放在有水的陶瓷缸内统一处理。

(5)装有汞的仪器应避免受热,保存汞的地方要远离热源,严禁将有汞的器具放入烘箱。

(6)用汞的实验室要有良好的通风设备,并与其他实验室分开,经常通风排气。

第一章 化工实验数据的处理与实验设计方法

第一节 实验数据的记录及误差分析

在化工实验中,由于所处理的物料种类繁多、使用的设备大小不一、过程中需要测量的物理量很多,因此,实验中使用的测量仪表众多,由于测量仪表、实验方法、人的观察力等原因,使得实验中的测量值与真值之间总会存在一定的差别,每次的测量值也不可能完全相同。测量值与真值之差称为误差。误差的存在是必然的且具有普遍性。因此研究误差的来源及其规律性,减小和尽可能地消除误差,以得到准确的实验结果,对于科学技术的发展和创新是非常重要的。误差分析的目的就是评定实验数据的准确性或误差大小,通过误差分析,认清误差的来源及其影响,以确定导致实验总误差的最大影响因素,从而在准备实验方案和研究过程中,努力细心操作,集中精力消除或减小产生误差的来源,提高实验的质量。实验数据误差的概念及计算问题,在分析化学实验和物理化学实验中,已经学习过一些有关的理论和方法,这里不再系统论述。本节将主要介绍化工实验中常用的一些实验误差的估算及分析方法。

一、实验数据的测量及有效数字

1. 实验数据的测量

测量是人类认识事物本质不可缺少的手段。通过测量和实验能使人类获得定量的概念和发现事物的规律性。因此,没有测量也就没有科学。科学上新的发现和突破都是以实验测量为基础的。测量就是用实验的方法,将被测物理量与所选用作为标准的同类量进行比较,从而确定它的大小。

测量根据获得测量结果的方法不同,可以分为直接测量和间接测量。可以用仪器、仪表直接读出数据的测量称为直接测量,如用米尺测量长度,用秒表计时间,用温度计、压力表测量温度和压强等。凡是基于直接测量值得出的数据再按一定的函数关系式,通过计算才能求得测量结果的测量称为间接测量。例如雷诺数的测定,先测量流体的流速 u 和管路直径 d,并查得物性参数,再用公式

计算雷诺数 Re，此时 Re 就属于间接测量的物理量。化工基础实验中多数测量均属间接测量。

2.有效数字

实验中直接测量的数据或计算结果，应该用几位数字来表示是很重要的。有人往往容易认为一个数值中小数点后面位数越多越精确，或者计算结果保留位数越多越精确。这两种想法都是错误的，因为小数点后的位数并不能决定精确度，而与所用单位的大小有关。例如用电位差计测量热电偶的电位时记为 764.9 μV 或记为0.764 9 mV，精确度是完全相同的。另外所用的测量仪器只能达到一定的精度（或称灵敏度），如果上面所用的电位差计的精度只能达到0.1 μV 或0.000 1 mV，则结果的精确度不会超过这个仪器所能达到的精度。

由此可见，测量值或计算结果的数值用几位有效数字来表示取决于测量仪器的精度。数值精确度的大小，可用有效数字的位数来表达。

在科学与工程中为了清楚地表示出数值的精确度，可将有效数字写出，并在第一个有效数字后面加上小数点，而数值的数量级由 10 的整数幂来确定。这种用 10 的整数幂来计数的方法称为科学计数法。例如0.000 567可写作 5.67×10^{-4}，而56 700可写作 5.67×10^4。科学计数法不仅便于辨认一个数值的准确度（出现的数字都是有效数字），而且便于运算。

有关有效数字的运算法则，在基础化学实验中大家已有了解，在此不再赘述。

（1）数字舍入规则：对于位数很多的近似数，当有效位数确定后，其后面多余的数字应予舍去，而保留的有效数字最末一位数字应按以下的舍入规则进行凑整：①若舍去部分的数值，大于保留部分的末位的半个单位，则末位加1；②若舍去部分的数值，小于保留部分的末位的半个单位，则末位不变；③若舍去部分的数值，等于保留部分的末位的半个单位，则末位凑成偶数。换言之，当末位为偶数时，则末位不变；当末位为奇数时，则末位加 1。

〔例 1-1〕 将下面左侧的数据保留四位有效数字：

$$3.141\ 59 \longrightarrow 3.142 \qquad 5.623\ 5 \longrightarrow 5.624$$

$$2.717\ 29 \longrightarrow 2.717 \qquad 6.378\ 501 \longrightarrow 6.379$$

$$2.510\ 50 \longrightarrow 2.510 \qquad 7.691\ 499 \longrightarrow 7.691$$

$$3.215\ 67 \longrightarrow 3.216$$

由于数字取舍而引起的误差称为舍入误差。按上述规则进行数字舍入，其舍入误差皆不超过保留数字最末位的半个单位。必须指出，这种舍入规则的第③条明确规定，被舍去的数字，不是逢5就入，有一半的机会舍掉，而有一半的机会进入，所有舍入机会相等而不会造成偏大的趋势，因而在理论上更加合理。在大量运算时这种舍入的误差均值趋于零,它较传统的四舍五入方法优越,四舍五入方法见 5 就入,易使所得的数有偏大的趋势。

(2)直接测量值的有效数字:直接测量值的有效数字主要取决于读数时可读到哪一位。如一支 50 mL 的滴定管,它的最小刻度是 0.1 mL,因读数只能读到小数点后第 2 位,如 30.24 mL 时,有效数字是四位。若管内液面正好位于 30.2 mL 刻度上,则数据应记为 30.20 mL,仍然是四位有效数字(不能记为 30.2 mL)。在此,所记录的有效数字中,必须有一位而且只能是最后一位是在一个最小刻度范围内估计读出的,而其余的几位数是从刻度上准确读出的。由此可知,在记录直接测量值时,所记录的数字应该是有效数字,其中应保留且只能保留一位估计读出的数字。

(3)非直接测量值的有效数字:

1)参加运算的常数 π,e 的数值以及某些因子如 $\sqrt{2}$,$1/3$ 等有效数字,取几位为宜,原则上取决于计算所用的原始数据的有效数字的位数。假设参与计算的原始数据中,位数最多的有效数字为 n 位,则引用上述常数时宜取 $n+2$ 位,目的是避免常数的引入造成更大的误差。工程上,在大多数情况下,对于上述常数可取 5～6 位有效数字。

2)在数据运算过程中,为兼顾结果的精度和运算的方便,所有的中间运算结果,在工程上一般宜取 5～6 位有效数字。

3)表示误差大小的数据一般宜取 1(或 2)位有效数字,必要时还可多取几位。由于误差是用来为数据提供准确程度的信息,为避免过于乐观,并提供必要的保险,故在确定误差的有效数字时,也用截断的办法,然后将保留数字末位加 1,以使给出的误差值大一些,而无须考虑前面所说的数字舍入规则,如误差为 0.241 2,可写成 0.3 或 0.25。

4)作为最后实验结果的数据是间接测量值时,其有效数字位数的确定方法如下:先对其绝对误差的数值按上述先截断后保留数字末位加 1 的原则进行处理,保留 1～2 位有效数字,然后令待定位的数据与绝对误差值以小数点为基准相互对齐。待定位数据中,与绝对误差首位有效数字对齐的数字,即所得有效数字位数的末位。最后按前面讲的数字舍入规则,将末位有效数字右边的数字舍去。

二、实验数据的误差分析

1. 实验数据的真值与平均值

真值是指某物理量客观存在的确定值。因此真值也称为理论值。由于测量仪器、测量方法、环境、人员及测量程序等都不可能完美无缺,实验误差难以避免,故真值是无法测得的。若在实验中,测量的次数无限多时,根据误差的分布定律,正负误差的出现几率相等。在无系统误差的情况下,将测量值加以平均,可以获得非常接近于真值的数值。但是由于我们的实验测量次数是有限的,因此,用有限测量值求得的平均值只能是近似真值。在分析化工实验数据及误差时,一般用以下几种值替代真值:

(1)理论真值:可以通过理论证实而知的值。如平面三角形内角之和为180°;计量学中经国际计量大会决议的值,像热力学温度单位——绝对零度等于-273.15 K;以及一些理论公式表达值等。

(2)相对真值:在某些过程中,常使用高精度等级标准仪器的测量值代替普通测量仪器测量值的真值,称为相对真值。例如,用高精度的涡轮流量计测量的流量值相对于普通流量计测定的流量值而言是真值。

(3)平均值:某物理量经多次测量算出的平均结果,用其替代真值。当然测量次数无限多时,算出的平均值应该是非常接近真值的。实际上,测量次数是有限的(比如 10 次),所得的平均值只能说是近似地接近真值。化工实验中常用的平均值有如下几种:

设测量值为 $x_1, x_2, \cdots, x_n$,n 表示测量次数,则

算术平均值为

$$\bar{x} = \frac{x_1 + x_2 + \cdots + x_n}{n} = \frac{1}{n} \sum_{i=1}^{n} x_i \tag{1-1}$$

均方根平均值为

$$\bar{x}_m = \sqrt{\frac{x_1^2 + x_2^2 + \cdots + x_n^2}{n}} = \sqrt{\frac{1}{n} \sum_{i=1}^{n} x_i^2} \tag{1-2}$$

几何平均值为

$$\bar{x}_g = \sqrt[n]{x_1 x_2 \cdots x_n} = \sqrt[n]{\prod_{i=1}^{n} x_i} \tag{1-3}$$

以对数形式展开则为

$$\lg \bar{x}_g = \frac{1}{n} \sum_{i=1}^{n} \lg x_i \tag{1-4}$$

对数平均值为

$$x_m = \frac{x_1 - x_2}{\ln x_1 / x_2} \tag{1-5}$$

2. 误差的分类

根据误差的性质和产生的原因,一般将误差分为系统误差、偶然误差和过失误差。在同一条件下多次测量同一个量时,误差的绝对值和符号保持恒定;或在条件改变时,按某一确定的规律变化的误差称为系统误差。如果在实际相同条

件下多次测量同一个量时,误差的绝对值和符号的变化时大时小、时正时负,没有确定的规律也不可预测,但具有抵偿性的误差称为偶然误差。过失误差一般是由于测量人员的粗心大意,如读数错误、记录错误和操作失败造成的。这类误差往往与正常值相差很大,应在整理数据时根据一定的规则加以剔除。

3.误差的表示方法

(1)绝对误差和相对误差:

测量(给出)值(x)与真值(A)之差的绝对值称为绝对误差 $D(x)$,即

$$D(x) = |x - A| \tag{1-6}$$

在工程计算中,真值常用平均值($\bar{x}$)或相对真值代替,则上式可写为

$$D(x) = |x - \bar{x}| \tag{1-7}$$

另外,在工程计算中常用到最大绝对误差 $D(x)_{\max}$。测量值的绝对误差必小于或等于最大绝对误差,即 $D(x) \leqslant D(x)_{\max}$,且真值 A 必满足下列不等式:

$$x_1 = x + D(x)_{\max} > A > x - D(x)_{\max} = x_2 \tag{1-8}$$

如果某物理量的最大测量值 x_1 和最小测量值 x_2 已知,则可通过下式求出最大绝对误差 $D(x)_{\max}$:

$$\bar{x} = \frac{x_1 + x_2}{2}, D(x)_{\max} = \frac{x_1 - x_2}{2} \tag{1-9}$$

绝对误差虽很重要,但仅用它还不足以说明测量的准确程度。换句话说,它还不能给出测量准确与否的完整概念。此外,有时测量得到相同的绝对误差可能导致准确度完全不同的结果。例如,要判别称重的好坏,单单知道最大绝对误差等于1 g是不够的。因为如果所称量物体本身的质量有几十千克,那么,绝对误差1 g,表明此次称量的质量是较高的;但如果所称量物体的重量仅有2~3 g,则表明此次称量的结果毫无用处。

显而易见,为了判断测量的准确度,必须将绝对误差与所测量值的真值相比较,即求出其相对误差才能说明问题。

绝对误差 $D(x)$ 与真值的绝对值之比,称为相对误差,它的表达式为

$$E_r(x) = \frac{D(x)}{|A|} \tag{1-10}$$

相对误差和绝对误差一样,通常也是不可能求得的,实际上常用最大相对误差 $E_r(x)_{\max}$,即

$$E_r(x)_{\max} = \frac{D(x)_{\max}}{|A|} \tag{1-11}$$

或用平均值替代真值 ($\bar{x} \approx A$),即相对误差表达式为

$$E_r(x) \approx \frac{D(x)}{|\bar{x}|} = \frac{|x - \bar{x}|}{|\bar{x}|} \qquad (1-12)$$

测量值表达式为

$$x = \bar{x}[1 \pm E_r(x)]$$

需要注意,绝对误差是有量纲的值,相对误差是无量纲的真分数。在化工实验中,相对误差通常以百分数(%)表示。

(2)算术平均误差 δ 与标准误差 σ:

1)n 次测量值的算术平均误差为

$$\delta = \frac{\sum\limits_{i=1}^{n} |x_i - \bar{x}|}{n} \qquad (1-13)$$

上式应取绝对值,否则,在一组测量值中,$(x_i - \bar{x})$ 值的代数和必为零。

2)n 次测量值的标准误差(亦称均方根误差)为

$$\sigma = \sqrt{\frac{\sum\limits_{i=1}^{n} (x_i - \bar{x})^2}{n-1}} \qquad (1-14)$$

3)算术平均误差与标准误差的联系和差别。n 次测量值的重复性(亦称重现性)愈差,n 次测量值的离散程度和偶然误差愈大,则 δ 值和 σ 值均愈大。因此,可以用 δ 值和 σ 值来衡量 n 次测量值的重复性、离散程度和偶然误差。但算术平均误差的缺点是无法表示出各次测量值之间彼此符合的程度。因为,偏差彼此相近的一组测量值的算术平均误差,可能与偏差有大中小三种情况的另一组测量值的相同;而标准误差对一组测量值中的较大偏差或较小偏差很敏感,能较好地表明数据的离散程度。

〔例 1-2〕 某次测量得到下列两组数据(单位为 cm):

A组　2.3　2.4　2.2　2.1　2.0

B组　1.9　2.2　2.2　2.5　2.2

求各组的算术平均误差与标准误差值。

解:算术平均值为

$$\bar{x}_A = \frac{2.3 + 2.4 + 2.2 + 2.1 + 2.0}{5} = 2.2$$

$$\bar{x}_B = \frac{1.9 + 2.2 + 2.2 + 2.5 + 2.2}{5} = 2.2$$

算术平均误差为

$$\delta_A = \frac{0.1 + 0.2 + 0.0 + 0.1 + 0.2}{5} = 0.12$$

$$\delta_B = \frac{0.3 + 0.0 + 0.0 + 0.3 + 0.0}{5} = 0.12$$

标准误差为

$$\sigma_A = \sqrt{\frac{0.1^2 + 0.2^2 + 0.1^2 + 0.2^2}{5-1}} = 0.16$$

$$\sigma_B = \sqrt{\frac{0.3^2 + 0.3^2}{5-1}} = 0.21$$

由上例可见,尽管两组数据的算术平均值相同,但它们的离散程度明显不同。由计算结果可知,只有标准误差能反映出数据的离散程度。实验愈准确,其标准误差愈小,因此标准误差通常被作为评定 n 次测量值偶然误差大小的标准,在化工实验中已得到广泛应用。

4)标准误差和绝对误差的联系:

n 次测量值的算术平均值 $\bar{x}$ 的绝对误差为

$$D(\bar{x}) = \frac{\sigma}{\sqrt{n}} \tag{1-15}$$

算术平均值 $\bar{x}$ 的相对误差为

$$E_r(\bar{x}) = \frac{D(\bar{x})}{|\bar{x}|} \tag{1-16}$$

由上面的公式可见,n 次测量值的标准误差 σ 愈小,测量的次数 n 愈多,则其算术平均值的绝对误差 $D(\bar{x})$ 愈小。因此增加测量次数 n,以其算术平均值作为测量结果,是减小数据偶然误差的有效方法之一。

4. 误差的传递

前述的误差计算方法主要用于实验直接测定量的误差估计。但是,在化工实验中,通常考察的大多是间接测量值,如雷诺数 Re 就是间接测量值。由于间接测量值是直接测定值的函数,因此,直接测定值的误差必然会传递给间接测量值。那么,如何估计这种误差的传递呢?

设某间接测量值 y 是直接测量值 $x_1, x_2, \cdots, x_n$ 的函数,即

$$y = f(x_1, x_2, \cdots, x_n) \tag{1-17}$$

对上式进行全微分,并以 $\Delta y, \Delta x_1, \Delta x_2, \cdots, \Delta x_n$ 分别代替 $dy, dx_1, dx_2, \cdots, dx_n$,则得

$$\Delta y = \frac{\partial f}{\partial x_1} \Delta x_1 + \frac{\partial f}{\partial x_2} \Delta x_2 + \cdots + \frac{\partial f}{\partial x_n} \Delta x_n \tag{1-18}$$

此式即为绝对误差的传递公式。它表明间接测量值或函数的误差为各直接测量值的各项分误差之和,而分误差决定于直接测量误差式中 Δx_i 和误差传递系数 $\partial f / \partial x_i$,即

$$\Delta y = \sum_{i=1}^{n} \left| \frac{\partial f}{\partial x_i} \Delta x_i \right| \tag{1-19}$$

相对误差为

$$\frac{\Delta y}{y} = \sum_{i=1}^{n} \left| \frac{\partial f}{\partial x_i} \frac{\Delta x_i}{y} \right| \tag{1-20}$$

函数的标准误差为

$$\sigma = \sqrt{\sum_{i=1}^{n} \left(\frac{\partial f}{\partial x_i} \right)^2 \sigma_i^2} \tag{1-21}$$

5. 仪器仪表的精度与测量误差

仪器仪表的测量精度常采用精确度等级来表示,如 0.1,0.2,0.5,1.0,1.5,2.5,5.0 级电流表、电压表等。而所谓的仪表等级实际上是仪表测量值的最大相对误差(百分数)的一种实用表示方法,称之为引用误差。引用误差的定义为

$$引用误差 = \frac{仪表指示值的最大绝对误差}{仪表满量值}$$

若以 $p\%$ 表示某仪表的引用误差,则该仪表的精度等级为 p 级。精度等级 p 的值愈大,说明引用误差愈大,测量的精度等级愈低。这种关系在选用仪表时应注意。从引用误差的表达式可见,它实际上是仪表测量值为满刻度值时相对误差的特定表示方法。

在仪表的实际使用中,由于被测量值的大小不同,在仪表上的示值不一样,这时应如何来估算不同测量值的相对误差呢?

假设仪表的精度等级为 p 级,表明引用误差为 $p\%$,若满量程值为 M,测量点的指示值为 m,则测量值的相对误差 E_r 的计算式为

$$E_r = \frac{M \times p\%}{m} \tag{1-22}$$

可见,仪表测量值的相对误差不仅与仪表的精度等级 p 有关,而且与仪表量程 M 和测量值 m,即比值 M/m 有关。因此,在选用仪表时应注意如下两点:

(1)当待测值一定,选用仪表时不能盲目追求仪表的精度等级,应兼顾精度等级和仪表量程进行合理选择。量程选择的一般原则是,尽可能使测量值落在仪表满刻度值的 2/3 处,即 $M/m = 3/2$ 为宜。

(2)选择仪表的一般步骤是首先根据待测值 m 的大小,依 $M/m = 3/2$ 的原则确定仪表的量程 M,然后,根据实验允许的测量值相对误差 E_r,依下式确定仪表的最低精度等级 p,即

$$p\% = \frac{m \times r\%}{M} = \frac{2}{3} \times E_r \tag{1-23}$$

最后,根据上面确定的 M 和 $p\%$,从可供选择的仪表中,选配精度合适的仪

表。

6. 精密度、正确度和准确度

反映测量结果与真值接近程度的量,称为准确度(也称精确度),它与误差大小相对应,测量的精度越高,其测量误差就越小。准确度应包含精密度和正确度两层含义。

精密度:测量中所测得数值重现性的程度,即重复性。它可以反映偶然误差的影响程度,精密度高则偶然误差小。如果实验数据的相对误差为 0.01%,且误差纯由偶然误差引起,则可认为精密度为 1.0×10^{-4}。

正确度:反映测量中所有系统误差的综合影响程度。正确度高,表示系统误差小。如果实验数据的相对误差为 0.01%,且误差纯由系统误差引起,则可认为正确度为 1.0×10^{-4}。

准确度(或称精确度):表示测量中所有系统误差和偶然误差综合大小的程度,因此准确度表示测量结果与真值的逼近程度。如果实验数据的相对误差为 0.01%,且误差由系统误差和偶然误差共同引起,则可认为正确度为 1.0×10^{-4}。

对于实验或测量来说,精密度高,正确度不一定高;正确度高的,精密度也不一定高。但准确度高,必然是精密度与正确度都高。

目前,国内外文献中所用的名词术语颇不统一,各文献中同一名词的含义也不尽相同。例如不少书中使用的"精密度"一词,可能是指系统误差与随机误差两者的合成,也可能单指系统误差或随机误差。

在很多书刊中,还常常见到"精度"一词。因为精度一词无严格的明确定义,所以各处出现的精度含义不尽相同。少数地方精度一词指的是精密度,多数使用"精度"一词实际上是为了说明误差的大小。如说某数据的测量精度很高时,实指该数据测量的误差很小。此误差的大小是偶然误差和系统误差共同作用的总结果。在这种场合,精度一词与准确度完全是一回事。

应该注意的是"化工原理实验"不同于基础实验,它具有工程的特点。工程实验不同于其他学科实验,它重视实验的经济性,对其准确度应有一个适当的要求,准确度要求过低当然不可取,准确度要求过高,对仪器和设备的要求则会大幅提高,将造成人力和物力的浪费。因此工程实验中对测量准确度的适当要求是很重要的。工程实验对误差的分析与计算与基础实验的要求亦不同。化工实验中对实验结果的分析与处理重点不是对误差的计算,而是对误差产生原因的分析,要重点分析实验结果的合理性以及造成误差的原因。

第二节　化工实验数据的处理

在整个实验过程中,实验数据处理是一个重要的环节。实验的结果最初是以数据的形式表达的,要想进一步得出结果,必须对实验数据作进一步的整理,其目的是将实验中获得的大量数据整理成各变量之间的定量关系,以便进一步分析实验现象,提出新的研究方案或得出一定的规律以便指导生产和设计。

所谓实验数据处理就是把所获得的一系列实验数据用最适合的方式表示出来。化工实验数据的处理通常有列表法、图示法和方程表示法和回归分析法四种形式。

一、列表法

将实验直接测得的一组数据或根据测量值计算得到的一组数据按一定的顺序列出数据表。实验数据表分为原始数据记录表、中间运算表和最终计算结果表。实验原始数据记录表是根据实验内容设计的,必须在实验开始以前列出表格,实验中完成一组实验数据的测量后,必须及时地将有关数据记录在原始数据记录表中。中间运算表和最终计算结果记录表则通过对原始数据的计算整理后得出。列表法是整理数据的第一步,为标绘曲线图或整理成数学公式打下基础。

整理计算数据表应简明扼要,只表达主要物理量(参变量)的计算结果,有时还可以列出实验结果的最终表达式。

设计实验数据表应注意以下事项:

(1)表头列出物理量的名称、符号和计量单位。符号与计算单位之间用斜线"/"隔开,斜线不能重叠使用。计算单位不宜混在数字之中,以免造成分辨不清。

(2)注意有效数字位数,即记录的数字应与测量仪表的准确度相匹配,不可过多或过少。

(3)物理量的数值较大或较小时,要用科学记数法来表示。以"物理量的符号$\times 10^{\pm n}$/计量单位"的形式,将 $10^{\pm n}$ 记入表头。注意:表头中的 $10^{\pm n}$ 与表中的数据应服从下式:

$$物理量的实际值\times 10^{\pm n}＝表中数据$$

(4)为便于引用,每一个数据表都应在表的上方写明表号和表题(表名)。

二、图示法

实验数据的图示法就是将整理得到的实验结果标绘成变量之间关系的曲线图,这种方法在数据整理中极为重要。实验数据图示法的优点是直观清晰,便于比较,很容易从图形中看出函数关系的变化规律以及数据中的极值点、转折点、周期性、变化率和其他特性。

1. 化工实验中常用的坐标系

化工实验中常用的坐标系有直角坐标系、半对数坐标系和双对数坐标系,可根据不同的情况加以选择使用。一般直线关系适用直角坐标系;幂函数关系适用双对数坐标系;指数函数关系适用半对数坐标系。通常我们希望图形能形成直线,因为直线最易标绘,使用起来也最方便,因此在整理数据时可尽量使曲线直线化。直角坐标系我们都比较熟悉,半对数坐标系和对数坐标系有其特别之处。

(1)半对数坐标系:半对数坐标系是一个轴是分度均匀的普通坐标轴,另一个轴是分度不均匀的对数坐标轴。

(2)对数坐标系:对数坐标系的两个轴(x 和 y)都是对数标度的坐标轴。

对数坐标的特点:①对数坐标的原点是$(1,1)$而不是零。②对数坐标上 1, 10,100,1 000 之间的实际距离是相同的,因为上述各数相应的对数值为 0,1,2,3,所以在对数坐标上每一数量级的距离是相等的。③标在对数坐标上的值是真数,某点与原点的实际距离为该点对应数的对数值。例如坐标轴上标着 5 的一点与原点的距离是 $\lg 5 = 0.70$。在对数坐标上的距离表示的是数值的对数差,所以求取直线的斜率时,应该用对数:

$$\tan\alpha = \frac{\lg y_2 - \lg y_1}{\lg x_2 - \lg x_1}$$

2. 选用坐标系的基本原则

在下列情况下,建议采用半对数坐标系:

(1)变量之一在所研究的范围内发生了几个数量级的变化;

(2)在自变量由零开始逐渐增大的初始阶段,当自变量的少许变化引起因变量极大变化时,采用半对数坐标系,曲线最大变化范围可伸长,使图形轮廓清楚;

(3)需要将某种函数变换为直线函数关系,如指数 $y = ae^{bx}$ 函数。

在下列情况下应采用对数坐标系:

(1)如果所研究的函数 y 和自变量 x 在数值上均变化了几个数量级。例如,已知 x 和 y 的数据为 $x = 10, 20, 40, 60, 80, 100, 1\ 000, 2\ 000, 3\ 000, 4\ 000$;$y = 2, 14, 40, 60, 80, 100, 177, 181, 188, 200$。在直角坐标上作图几乎不可能描绘出在 x 的数值等于 $10, 20, 40, 60, 80$ 时曲线开始部分的点,但是采用对数坐标则可以得到比较清楚的曲线。

(2)当需要变换某种曲线关系为线性关系时,如抛物线 $y = ax^b$ 函数。

3. 作图注意事项

(1)图线光滑:利用曲线板等工具将各离散点连接成光滑曲线,并使曲线尽可能通过较多的实验点，或者使曲线以外的点尽可能位于曲线附近，并使曲线两侧的点数大致相等。

（2）定量绘制的坐标图，其坐标轴必须标明该坐标所代表的物理量名称、符号及所用计量单位。如离心泵特性曲线的横轴需标明：流量 $Q/(\mathrm{m^3 \cdot h^{-1}})$。

（3）图必须有图号和图题（图名），以便于引用。必要时还应有图注。

（4）不同线上的数据点可用〇、△等不同符号表示，且必须在图上明显地标出。

三、方程表示法

在实验研究中，除了用表格和图形描述变量的关系外，常常把实验数据整理成为方程式，以描述过程或现象的自变量和因变量之间的关系，即建立过程的数学模型。在已广泛应用计算机的时代，这样做尤为重要。

一般来说，将实验数据用方程表示有两种情况：一种是对所研究问题有深入的了解，可由量纲分析的方法推出准数关联式，如流体流动和传热过程，通过量纲分析得到准数之间的关系，通过实验对方程中的常数和系数加以确定。由准数关联式得到实验数据的表达方程的关键是求取关联式中的常数和准数。经验公式或准数关系式中的常数和系数的求法很多，最常用的是图解求解法和最小二乘法。

另一种是对实验数据的函数关系未知，为了用方程表示，通常将实验数据标绘成图形，参考一些已知数学函数的图形，针对数据相互关系的特点选择一个适宜的函数形式，然后确定函数式中的各种常数或系数。选择适宜的函数形式的原则是既要求形式简单，所含常数较少，同时也希望能准确地表达实验数据之间的关系。这两者常常是相互矛盾的。在实际工作中通常首先要保证其必要的准确度，牺牲其简单形式。在保证必要的准确度的前提下，尽可能选择简单的线性关系的形式。该函数关系式是否能够准确地反应实验数据存在的关系，最后还应通过实验加以确认，所得的函数表达式才能使用。其步骤如下：将实验所得数据标绘在坐标纸上，用标绘所得的曲线与已知的典型函数的曲线相对照，如果其图形与某种已知的典型函数曲线相似，就采用这种函数曲线的方程作为待定的经验公式。但实验曲线往往同时与几种已知的典型函数相似，因此就有一个选择哪种函数关系更适合的问题。一般来说应尽量选择便于线性化的函数关系并进行线性化的检验。所谓线性化就是将非线性函数 $y=f(x)$ 转化成线性函数 $Y=A+BX$，其中 $X=\Phi(x,y)$，$Y=\Psi(x,y)$，$(\Phi,\Psi$ 为已知函数$)$。由已知的实验数据 x_i 和 y_i，按 $Y_i=\Psi(x_i,y_i)$，$X_i=\Phi(x_i,y_i)$ 求得 Y_i 和 X_i，然后将(Y_i,X_i)在普通直角坐标上标绘，如得一直线，确定系数 A 和 B，可求得 $y=f(x)$ 的函数关系式。

四、回归分析方法

化工实验研究中,涉及的变量较多,这些变量处于同一系统中,既相互联系又相互制约。这些变量之间的关系可分为两类:①函数关系:属于确定的关系。若已知其中几个变量,则其他变量可由函数关系求出。②相关关系:其中一个变量的每一个值对应的不是一个或几个确定值,而是整个集合值。它们之间的关系不能像物理定律那样用确切的数学关系式来表达,只能从统计学的角度寻求其规律。

回归分析是处理变量之间相关关系的一种数理统计方法,是数理统计学的一个重要分支。用回归分析法处理实验数据的步骤:①选择和确定回归方程的形式(即数学模型);②用实验数据确定方程中的模型参数;③检验回归方程的等效性。

有关实验数据的回归分析可参考有关书籍。

第三节　化工实验的设计方法

"化工原理实验"是了解、学习和掌握化工单元操作的一个重要的实践性环节,其实验目的不仅仅是为了验证一个原理、观察一种现象或是寻求一个普遍适用的规律。有些带有综合性、设计性和研究性的实验,从严格意义上讲,已经不是一门课程的实验范围,而近似于相关专业的开发实验。因此在实验的组织和实施方法上与科研工作十分类似,也应从查阅文献、收集资料入手,在尽可能掌握与实验项目有关的研究方法、检测手段和基础数据的基础上,通过实验方案的设计、实验设备的选配、实验流程的组织来实施完成实验工作,并通过对实验结果的分析与评价获取最有价值的结论。其中实验方案是指导实验工作有序开展的一个纲要,实验方案的科学性、合理性、严密性、有效性往往直接决定了实验工作的效率与成败,因此在实验前,应围绕实验目的针对研究对象的特征,对实验工作的开展进行全面的规划和构想,拟定一个切实可行的实验方案。

实验方案的设计就是根据已确定的实验内容,拟定一个具体的实验安排表,以指导实验工作的进行。

化工实验通常涉及的变量和水平都比较多,如果按照传统的试验设计方法将水平和因素均匀搭配,则需要进行多次试验,工作量非常大,会造成时间和财力的大量浪费。因此化工实验经常应用正交试验设计方法和均匀试验设计方法。

试验设计中常用的术语主要有试验指标、因素和水平。试验指标是指能够表征试验结果的特性参数,即试验研究过程的因变量,如反应速率、产品的回收率等。因素是指能够对试验结果产生影响的试验参数,即试验过程的自变量,常常是造成试验指标按某种规律发生变化的原因,如原料组成、反应温度、操作压力等。水平是指试验中各因素所处的具体状态或情况,又称为等级,如选取不同的反应温度值,所选值的数目就是因素的水平数。

一、正交试验设计方法

正交试验设计法是利用数理统计学与正交性原理,应用正交表安排多因素试验的科学试验设计方法。

正交试验设计方法具有以下优点:①完成试验要求所需的试验次数少;②数据点的分布均匀;③可用相应的极差分析方法、方差分析方法等对试验结果进行分析,引出有价值的结论。因此,在科学研究中得到了广泛的应用。

1. 正交试验表

单一水平正交试验表的表示方法为 $L_n(q^m)$,其中,L 为正交表的代号;n 为试验的次数;q 为每一列的水平数;m 为正交表的列数。

混合水平正交试验表为 $L_n(A^m \times B^N)$,其中,B^N 为 B 水平列的列数为 N;A^m 为 A 水平列的列数为 m;n 为试验的次数;L 为正交表的代号。

选择正交表时,应先确定试验的因素、水平和交互作用,然后选用合适的正交表。所谓交互作用,是指如果因素 A 的数值和水平发生变化时,试验指标随因素 B 变化的规律也发生变化,或反之,若因素 B 的数值和水平发生变化时,试验指标随因素 A 变化的规律也发生变化,则称因素 A 和 B 间有交互作用,记为 $A \times B$。在确定因素的水平数时,主要因素宜多安排几个水平,次要因素可少安排几个水平。

在选择正交表时应注意以下几点:

(1)先看水平数。若各因素全是 2 水平,就选 $L(2^*)$ 表;若各因素都是 3 水平,就选 $L(3^*)$ 表。若各因素的水平数不相同,就选择适用的混合水平表。

(2)每一个交互作用在正交表中应占一列或二列。要看所选的正交表是否足够大,能否容纳得下所考虑的因素和交互作用。为了对试验结果进行方差分析或回归分析,还必须至少留一个空白列,作为"误差"列(E 列),在极差分析中可作为"其他因素"列处理。

(3)要看试验精度的要求。若要求高,则宜取试验次数多的 L 表。

(4)若试验费用很昂贵,或试验的经费很有限,或人力和时间都比较紧张,则不宜选试验次数太多的 L 表。

(5)如按原考虑的因素、水平和交互作用去选择正交表,无正好适用的正交表可选时,简便且可行的办法是适当修改原定的水平数。

(6)在对某因素或某交互作用的影响是否确实存在没有把握的情况下,选择 L 表时常为该选大表还是选小表而犹豫。若条件许可,应尽量选用大表,让影响存在的可能性较大的因素和交互作用各占适当的列。某因素或某交互作用的影响是否真正存在,留到方差分析作显著性检验时再做结论。这样既可以减少试验的工作量,又不至于漏掉重要信息。

2.正交表的表头设计

所谓表头设计,就是确定试验所考虑的因素和交互作用放在哪一列的问题。方法之一是使用正交表后面的二列间交互作用表。例如正交表 $L_8(2^7)$ 后面的 "$L_8(2^7)$ 二列间交互作用表",如表 1-1 所示。

表 1-1 $L_8(2^7)$ 二列间交互作用表

列号	1	2	3	4	5	6	7
(1)	(1)	3	2	5	4	7	6
(2)		(2)	1	6	7	4	5
(3)			(3)	7	6	5	4
(4)				(4)	1	2	3
(5)					(5)	3	2
(6)						(6)	1
(7)							(7)

方法之二是采用正交表后面的表头设计表,如正交表 $L_8(2^7)$ 后面的 "$L_8(2^7)$ 表头设计表",如表 1-2 所示。

表 1-2 $L_8(2^7)$ 表头设计表

因素数	列号						
	1	2	3	4	5	6	7
3	T	τ	$T\times\tau$	w	$T\times w$	$\tau\times w$	
4	T	τ	$T\times\tau$ $w\times M$	w	$T\times w$ $\tau\times M$	$\tau\times w$ $T\times M$	M
4	T	τ $w\times M$	$T\times\tau$	w $\tau\times M$	$T\times w$	M $\tau\times w$	$T\times M$
5	T $M\times e$	τ $w\times M$	$T\times\tau$ $w\times e$	w $\tau\times M$	$T\times w$ $\tau\times e$	M $T\times e$ $\tau\times w$	e $T\times M$

注:表中 T,τ,w,M 为实验中要考虑的因素;$T\times\tau,T\times w$ 为交互作用;e 为误差。

　　在进行表头设计时,应找出对试验指标影响最大的因素和交互作用,它们是试验研究的重点,应尽量避免因表头设计混杂而影响试验结果的分析。另外,2水平两因素之间的交互作用只占一列,而3水平的两因素之间的交互作用则占两列,m水平两因素之间的交互作用要占$m-1$列。若实验不考虑交互作用,则表头设计可以是任意的。

　　表头设计完成后,根据正交表的安排将各因素的相应水平填入表中,形成一个具体试验实施计划表。交互作用列和空白列不列入试验安排表,仅供数据处理和结果分析用。

　　试验完成后,根据所得的试验数据进行分析,常用的方法有极差分析法和方差分析法,具体可参阅数理统计方面的专著。下面通过例题简要说明正交试验设计方法及其方差分析在实验中的应用。

　　〔例1-3〕　考察因素为反应温度(A)、反应时间(B)、催化剂用量(C),各因素的水平见表1-3。考察指标为收率。

表 1-3　考察因素及水平

反应温度(A)/℃	反应时间(B)/min	催化剂用量(C)/%
70	90	5
90	120	6
110	150	7

　　设三个因素分别为A,B,C,各因素的水平号依次为$1,2,3$。采用正交试验,不考虑各因素的交互作用,同时为方差分析留一列作为误差列E。用正交表$L_9(3^4)$来安排试验,试验方案及试验结果(收率)见表1-4。

表 1-4　试验方案及结果

试验号	A 1	B 2	C 3	E 4	收率
1	1 (70℃)	1 (90′)	1 (5%)	1	31
2	1 (70℃)	2 (120′)	2 (6%)	2	54
3	1 (70℃)	3 (150′)	3 (7%)	3	38
4	2 (90℃)	1 (90′)	2 (6%)	3	53
5	2 (90℃)	2 (120′)	3 (7%)	1	49
6	2 (90℃)	3 (150′)	1 (5%)	2	42
7	3 (110℃)	1 (90′)	3 (7%)	2	57

（续表）

试验号	A 1	B 2	C 3	E 4	收率
8	3（110℃）	2（120'）	1（5%）	3	62
9	3（110℃）	3（150'）	2（6%）	1	64
T_{1j}	123	141	135	144	
T_{2j}	144	165	171	153	
T_{3j}	183	144	144	153	
极差	60	24	36		

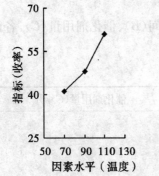 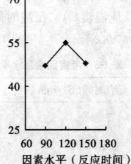 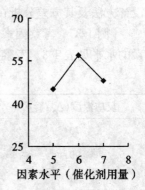

图 1-1　试验指标与因素水平的关系

试验结果分析：

（1）直观分析：

第一步，计算各列下水平号相同的试验结果之和 $T_{ij}(i=1,2,\cdots,I;j=1,2,\cdots,J)$，其中 i 为水平号，j 为列号。如本例的 $T_{11}=31+54+38=123$，$T_{12}=31+53+57=141$，$\cdots$，$T_{34}=38+53+62=153$，将以上计算结果列于表 1-4 中。

第二步，计算 T_{ij} 的极差，见表 1-4 的最后一行。极差的大小反映因素水平的变化对收率的影响。极差大表明该因素的三个水平对收率的影响大，在对该因素的水平进行选取时应认真考虑。极差小表示该因素的三个水平对收率的影响小，可以根据其他要求（如为了节约成本、减少工时、操作方便等）确定其水平。这一点通过标绘指标随各因素变化直观分析图也可看出。

第三步，作直观分析图。以 $T_{ij}/3$ 为纵坐标（各水平所对应的试验指标的平均值），以各因素水平为横坐标，对各因素作图，本例因素 A 的直观分析图见图 1-1。

第四步，作直观分析结论。由上图可以看出，因素 A 较好的试验条件为 A_3，同理得到因素 B 和因素 C 的较好试验条件分别为 B_2，C_2。从表 1-4 最后一行的极差可以看出，因素影响的主次顺序为因素 A、因素 C、因素 B。

（2）方差分析：

第一步，计算各列下水平号相同的试验结果之和 $T_{ij}(i=1,2,\cdots,I;j=1,2,\cdots,J)$，其中 i 为水平号，j 为列号。如本例的 $T_{11}=31+54+38=123$，$T_{12}=31+53+57=141$，$\cdots$，$T_{34}=38+53+62=153$。

第二步，计算各列平方和 Q_j。设正交设计共作了 n 次实验，其结果为 x_1，x_2，$\cdots$，x_r，$\cdots$，x_n，正交表共有 J 列，第 j 列的水平数是 I_j，同水平下的试验次数是 K_j，可以证明总平方和为

$$Q_T = \sum_{j=1}^{J} Q_j \tag{1-24}$$

令

$$P = \frac{1}{n}(\sum_{r=1}^{n} x_r)^2 \tag{1-25}$$

$$R_j = \frac{1}{K_j} \sum_{i=1}^{I_j} T_{ij}^2 \quad (j=1,2,\cdots,J) \tag{1-26}$$

$$W = \sum_{r=1}^{n} x_r^2 \tag{1-27}$$

则各平方和的计算公式为

$$Q_j = R_j - P \quad (j=1,2,\cdots,J) \tag{1-28}$$

总平方和的计算公式为

$$Q_T = W - P \tag{1-29}$$

对本例有

$$I_j = 3, \ K_j = 3 \quad (j=1,2,3,4) \quad n=9$$

由表 1-4 中的数据按上面的公式计算结果得

$$P = \frac{1}{9} \times (31+54+\cdots+64)^2 = \frac{1}{9} \times 450^2 = 22\,500$$

$$R_j = \frac{1}{3} \sum_{i=1}^{3} T_{ij}^2 \quad (j=1,2,3,4)$$

$$R_1 = \frac{1}{3} \times (123^2 + 144^2 + 183^2) = 23\,118$$

$$R_2 = \frac{1}{3} \times (141^2 + 165^2 + 144^2) = 22\,614$$

$$R_3 = \frac{1}{3} \times (135^2 + 171^2 + 144^2) = 22\,734$$

$$R_4 = \frac{1}{3} \times (144^2 + 153^2 + 153^2) = 22\ 518$$

$$W = 31^2 + 54^2 + \cdots + 64^2 = 23\ 484$$

$$Q_j = R_j - P \quad (j = 1, 2, 3, 4)$$

$$Q_1 = R_1 - P = 23\ 118 - 22\ 500 = 618$$

$$Q_2 = R_2 - P = 22\ 614 - 22\ 500 = 114$$

$$Q_3 = R_3 - P = 22\ 734 - 22\ 500 = 234$$

$$Q_4 = R_4 - P = 22\ 518 - 22\ 500 = 18$$

$$Q_T = W - P = 23\ 484 - 22\ 500 = 984$$

计算出的各列平方和 Q_j,当第 j 列安排有因素时,则为该因素平方和,若没有安排因素时,则为误差平方和。

第三步,计算各列的自由度。各列的自由度等于其水平数减1,故本例有

$$f_A = f_B = f_C = f_E = 3 - 1 = 2$$

$$f_T = f_A + f_B + f_{AB} + f_E = n - 1 = 8$$

第四步,计算各因素的检验统计量值。将各平方和除以相应的自由度得方差估计值,各因素的方差估计值除以误差的方差估计值得各统计量 F 值。

第五步,列方差分析表。本例的方差分析结果见表1-5。

表 1-5 方差分析

差异源	Q	f	MS	F 值	$F_{0.01}$	$F_{0.05}$	$F_{0.10}$	显著性
因素 A	618	2	309	34.33	99	19	9.00	*
因素 B	114	2	57	6.33	99	19	9.00	(0)
因素 C	234	2	117	13.00	99	19	9.00	(*)
误差	18	2	9					
总计	984	8						

注意:

(1)根据上述分析,$A_3B_2C_2$ 是较好的工艺条件,但在 9 次试验中,并没有这个条件下的试验,所以还要进一步进行验证试验。

(2)本例的结果分析中,反应时间对结果影响不显著,但不等于说没有影响。若取显著性水平 $\alpha = 0.20$,则 $F_B = 6.33 > F_{0.20,(2,2)} = 4$。

显然,在显著性水平 $\alpha = 0.20$ 下,反应时间(因素 B)是有影响的。因此,对反应时间也要适当地控制。

在方差分析中,如果 $f_E \leqslant 5$,一般取 $\alpha = 0.20$ 进行进一步检验。

二、均匀试验设计方法

以上讲的正交试验设计法,是一种优异的试验设计方法,其优点之一是试验的次数少。但若考察的因素数和水平数较多,特别是水平数较多时,正交试验设计的试验次数仍然很多。例如要考察 5 个因素的影响,每个因素有 5 个水平,用因素水平全面搭配方法做试验,需做 $5^5 = 3\,125$ 次试验;用正交表安排试验,至少要进行 25 次试验,试验工作量仍然不少。这时正交试验设计方法的次数之所以不能减至更少,是因为在正交试验设计方法中,为了简化数据处理,同时考虑了试验的均衡分散性和整齐可比性,每一列中,同一水平至少出现 2 次。如果不考虑试验数据的整齐可比性,只考虑让数据点在试验范围内均匀分散,则将试验次数减少至比正交试验设计得更少还是有可能的。这种单纯地从数据点分布均匀性出发的试验设计方法称为均匀试验设计方法。我国数学家方开泰应用数论方法构思,在我国首先提出了均匀试验设计方法。

均匀试验设计方法是用"均匀设计表"来安排试验,常用的均匀设计表可参阅《分析测试数据的统计处理方法》。

1.均匀设计表名称的表示方法及意义

均匀设计表的表示方法为 $U_n(t^q)$,其中,U 为均匀设计表的代号;q 为表的列数;n 为试验的次数;t 为每列的水平数。

2.均匀试验设计方法的特点

与正交试验设计方法相比,均匀试验设计方法的特点如下:

(1)试验工作量更少,是均匀试验设计的一个突出的优点。如果考察 4 个因素的影响,每个因素 5 个水平,若用正交试验设计法,宜用正交表 $L_{25}(5^6)$,需做 25 次试验;若用均匀试验设计方法,可用表 1-6 所示的"均匀正交表"$U_5(5^4)$ 来安排试验,只需要进行 5 次试验,比正交试验设计的试验工作量少得多。试验次数明显减少的主要原因是均匀试验设计表有一个特点:在表的每一列每一个水平必出现且只出现一次。

表 1-6　均匀试验设计表 $U_5(5^4)$

试验号	列号			
	1	2	3	4
1	1	2	3	4
2	2	4	1	3
3	3	1	4	2
4	4	3	2	1
5	5	5	5	5

（2）在正交试验设计表中各列的地位是平等的，因此无交互作用时，各因素安排在任一列是允许的。均匀设计表则不同，表中各列的地位不一定是平等的，因此，因素安排在表中的哪一列不是随意的，需根据试验中要考察的实际因素数，依照附在每一个均匀设计表后的"使用表"来确定因素应该放在哪几列。例如表 1-7 是均匀设计表 $U_9(9^6)$，表 1-8 是它的使用表。由此可知，当因素数为 2 时，可安排在第 1,3 列上；当因素数为 3 时，可安排在 1,3,5 列上；以此类推。

表 1-7　均匀设计表 $U_9(9^6)$

试验号	列号					
	1	2	3	4	5	6
1	1	2	4	5	7	8
2	2	4	8	1	5	7
3	3	6	3	6	3	6
4	4	8	7	2	1	5
5	5	1	2	7	8	4
6	6	3	6	3	6	3
7	7	5	1	8	4	2
8	8	7	5	4	2	1
9	9	9	9	9	9	9

（3）因为均匀设计表无整齐可比性，故在均匀试验设计中不能像正交试验那样，用方差分析方法处理数据，而需用回归分析方法来处理试验数据，也正因为处理数据用的是回归分析方法，所以在试验次数为奇数时，均匀设计表最后一行的存在，虽然对数据点分布的均匀性不利，但其不良后果可以被忽略。

（4）在正交试验中，水平数增加时，试验次数按平方的比例增加，如水平数从 9 到 10 时，试验次数则从 81 增到 100。在均匀试验设计中，随着水平数的增加，试验次数只有少量的增加，如水平从 9 增加到 10 时，试验次数也从 9 增加到 10。这也是均匀试验设计的一个很大的优点。一般认为，当因素的水平数大于 5 时，就宜选择均匀试验设计方法。

表 1-8　$U_9(9^6)$ 表的使用表

因素数	列号
2	1,3
3	1,3,5
4	1,2,3,5
5	1,2,3,4,5,
6	1,2,3,4,5,6

参考文献

[1] 冯亚云. 化工基础实验[M]. 北京:化学工业出版社,2000

[2] 王正平,陈兴娟. 化学工程与工艺实验技术[M]. 哈尔滨:哈尔滨工程大学出版社,2005

[3] 张金利,郭翠梨. 化工基础实验[M]. 北京:化学工业出版社,2006

第二章 化工实验常用测量 仪器仪表的使用

温度、压力、流量和组成等参数是化工实验中经常用到的测量参数,测量这些参数所使用的测量仪器品种繁多。下面就化工实验中应用较多的温度、压力、流量等测量时所用仪表的原理、特性,作一些简要的介绍。

第一节 温度测量

温度是化工实验中需要测量和控制的重要参数之一。几乎每个"化工原理实验"装置上都装有温度测量仪表,如传热、干燥、蒸馏等实验。另外一些常温下工作的单元操作如吸收、萃取等,也需要测定操作流体的温度,以便确定流体的物性参数如密度、黏度的数值。因此,温度测量和控制在化工实验中占有重要地位。

温度的测量方式可分为两大类:非接触式和接触式。

非接触式是利用热辐射原理,测量仪表的敏感元件不需要与被测物质接触,常用于测量运动体和热容量小或特高温度的场合。接触式是利用两物体接触后,在足够长的时间内达到热平衡,两个互为平衡的物体温度相等,这样测量仪器就可以对物体进行温度的测量。

化工实验室所涉及的温度和测量对象都可以用接触式测温法进行,因此非接触式测量仪器用得很少。下面介绍实验室常用的接触式测量仪表:玻璃管温度计、热电偶温度计和热电阻温度计,具体分类见表2-1。

表2-1 接触式温度计分类表

工作原理	仪器名称	使用温度范围/℃	特点
热膨胀	玻璃管温度计	$-80\sim500$	
	双金属温度计	$-80\sim500$	简单,便宜,使用方便,感温部大
	压力式温度计 (长尾温度计)	$-50\sim450$	

（续表）

工作原理	仪器名称	使用温度范围/℃	特点
热电阻	铂、铜电阻温度计 半导体温度计	−200～600 −50～300	精度高,远传,感温部大,体积小, 灵敏度好,线性差,互换性差
热电偶	铜-康铜 铂-铂铑	−100～300 200～1 800	结构简单,感温部小,适应性差, 可远传,线性差

一、玻璃管温度计

玻璃管温度计是最常用的一种测定温度的仪器。它的优点是结构简单、价格便宜、读数方便、有较高的精度,测量范围为−80℃～500℃;缺点是易损坏,损坏后无法修复。目前实验室用得最多的是水银温度计和有机液体(如乙醇)温度计。水银温度计测量范围广,刻度均匀,读数准确,但损害后会造成汞污染。有机液体(乙醇、苯等)温度计着色后读数明显,但由于膨胀系数随温度而变化,故刻度不均匀,读数误差较大。

玻璃管温度计的安装和使用:

(1)安装在没有大的震动、不易受碰撞的设备上。振动很大,容易使液柱中断,特别是有机液体温度计。

(2)玻璃温度计感温泡中心应处于温度变化最敏感处(如管道中流速最大处)。

(3)玻璃温度计安装在便于读数的场所。不能倒装,也应尽量不要倾斜安装。

(4)为了减少读数误差,应在玻璃温度计保护管中加入甘油、变压器油等,以排除空气等不良导体。

(5)水银温度计读数时按凸面之最高点读数,有机液体玻璃温度计则按凹面最低点读数。

(6)为了准确地测定温度,用玻璃管温度计测定物体温度时,如果指示液柱不是全部插入欲测的物体中,就不能得到准确值。

二、热电偶温度计

1. 热电偶测温元件及原理

如果取两根不同材料的金属导线 A 和 B,将两端焊在一起组成一个闭合回路。如将一端加热,使该接点处的温度 T 高于另一个接点处的温度 T_0,那么在此闭合回路中应有热电势产生,如图 2-1(a)所示。如果在此回路中串联一只直流毫伏计(将金属 B 断开接入毫伏计,或者在两金属线的 T_0 接头处断开接入毫伏计均可),如图 2-1(b)所示,就可见到毫伏计中有电势指示。这种现象称为热电现象。

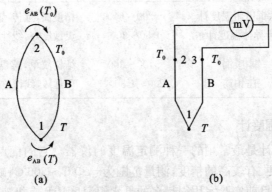

图 2-1　热电现象

热电现象是因为两种不同金属的自由电子密度不同,当两种金属接触时,在两种金属的交界处,就会因电子密度不同而有电子扩散,电子扩散的结果会在两金属接触面两侧形成静电场即接触电势差。这种接触电势差仅与两金属的材料和接触点的温度有关。温度愈高,金属中自由电子就越活跃,致使接触处所产生的电场强度增强,接触面电动势也相应增高。热电偶测温计就是根据这个原理制成的。

若把导体的两端闭合,形成闭合电路,如图 2-2 所示,由于两金属的接点温度不同($T>T_0$),就产生了两个大小不等、方向相反的热电势 $e_{AB}(T)$ 和 $e_{AB}(T_0)$。

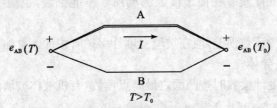

图 2-2　热电偶测温原理

在此闭合回路中总的热电势 $E(T,T_0)$ 为

$$E(T,T_0)=e_{AB}(T)-e_{AB}(T_0) \tag{2-1}$$

或

$$E_{AB}(T,T_0)=e_{AB}(T)+e_{BA}(T_0) \tag{2-2}$$

也就是说,总的热电势等于热电偶两接点热电势的代数和。当 A,B 材料固定后,热电势是接点温度 T 和 T_0 的函数之差。如果一端温度 T_0 保持不变,即 $e_{AB}(T_0)$ 为常数,则热电势 $E_{AB}(T,T_0)$ 就成为温度 T 的单值函数,而和热电偶的长短及直径无关。这样,只要测出热电势的大小,就能判断测温点温度的高低,这

就是利用热电现象来测量温度的原理。

利用这一原理,人们选择了符合一定要求的两种不同材料的导体,将其一端焊起来,就构成了一支热电偶。焊点的一端插入测温对象,称为热端或工作端,另一端称为冷端或自由端。

利用热电偶测量温度时,必须要用某些显示仪表如毫伏计或电位差计来测量热电势的数值,测量仪表往往要远离测温点,这就需要接入连接导线 C,这样就在 AB 所组成的热电偶回路中加入了第三种导线,从而构成了新的接点。实验证明,在热电偶回路中接入第三种金属导线对原热电偶所产生的热电势数值并无影响,不过必须保证引入线两端的温度相同。同理,如果回路中串入多种导线,只要引入线两端温度相同,也不影响热电偶所产生的热电势数值。

2. 常用热电偶的特性

目前国内常用的热电偶有以下几类:

(1)锗-铂热电偶:S 类。它的正极为 90% 的铂和 10% 锗组成的合金丝,负极为铂丝。这种热电偶能耐高温,在 1 300℃ 以下范围内可长期使用,在良好环境中,可短期测量 1 600℃ 高温。由于容易得到高纯度的铂和锗,故此种热电偶的复制精度和测量准确性较高,可用于精密温度测量和用做基准热电偶。其缺点是热电势较弱,且成本较高。

(2)镍铬-镍硅热电偶:K 类。该热电偶的正极为含铬 10% 的镍、铬合金,负极为含镍 5% 的镍硅或镍铝合金。这种热电偶的抗氧化性比其他金属热电偶好,可在氧化性或中性介质中长期测量 900℃ 以下的温度,可短期测量 1 200℃ 高温。此种热电偶具有复制性好、产生的热电势大、线性好、价格便宜等特点。缺点是长期使用时,会因镍铝氧化变质使热电特性改变而影响测量精度,但一般能满足工业测量的要求,是工业生产中最常用的一种热电偶。

(3)镍铬-考铜热电偶:EA 类。该热电偶的正极为含铬 10% 的镍铬合金,负极为考铜(含镍 44% 的镍铜合金)。适用于还原性或中性介质,长期使用温度不可超过 600℃,短期测量可达 800℃。该热电偶的特点是电热灵敏度高、热电势大、价格便宜等,但温度范围低且窄,考铜合金丝易氧化变质。

(4)铜-康铜热电偶:T 类。该热电偶的正极为铜,负极为康铜。其特点是低温时精确度较高,可测量 -200℃ 的低温,上限温度为 300℃,价格低廉。

(5)镍铬-康铜热电偶:E 类。该热电偶的正极为含铬 10% 的镍铬合金,负极为康铜,适用于氧化或惰性气体中,温度范围为 -250℃～871℃。其特点是热电势大,也是使用较广泛的热电偶。

K 类、T 类、E 类为实验室常用的热电偶,其丝直径可达到 0.1 mm 左右,而且灵敏度高,价格低廉。

化工实验室的测温范围比较窄,多在 100℃ 左右,因此应用较多的是铜-康铜热电偶,多为自制。

3. 热电偶冷端处理

热电偶的热电动势大小与热电偶的材料和两接点温度有关。材料一定,则取定于热端和冷端的温度差。因此用它测温时冷端温度变化就会影响所测温度的准确性。为消除这种影响,必须将冷端温度予以处理,以得到与分度表中冷端为 0℃ 时不同热端温度所对应的热电势值。通常采用下列几种处理方法:

(1)冷端恒温法:用冰水浴将冷端保持住,这是最精确的方法,既能保持恒定的温度,又能消除冷端温度变化,这种方法需将冰和水装于保温瓶中,当冰源不方便时,也可将冷端置于温度恒定的容器内(如 30℃ 或 40℃)。这时冷端不是 0℃,必须校正。若用可调机械零点的仪表测电动势时,应将机械零点调至该温度处。

(2)补偿导线法:在测温过程中,有时测温热电偶冷端靠近热源,而热源温度变化大会影响冷端温度恒定,要采用补偿导线法,即采用一对热电性与热电偶相同的金属丝将热电偶相应的冷端连接起来,并将其引至另一个便于恒温的地方,让冷端恒温,此时补偿导线的末端即为冷端。该法可以节省热偶丝长度,节省贵金属材料,特别适用于贵重金属的铂铑-铂热电偶。常用热电偶补偿导线技术数据见表 2-2。

表 2-2　常用热电偶补偿导线技术数据

| 热电偶 | 材料 | | 绝缘层着色 | | 100℃热电动势 /mV | 20℃电阻率 /($\Omega \cdot mm^2 \cdot m^{-1}$) (不大于) |
	正极	负极	正极	负极		
铂铑-铂	铜	铜镍	红	绿	0.643 ± 0.023	0.048 4
镍铬-镍硅	铜	康铜	红	棕	4.10 ± 0.15	0.063
镍铬-康铜	镍铬	康铜	紫	棕	6.32 ± 0.3	1.19
镍铬-考铜	镍铬	考铜	红	蓝	6.95 ± 0.3	1.15

(3)冷端补偿法:在许多场合下,冷端难于保持恒温,可使用冷端补偿的方法。冷端虽随室温变化,但与某一特定的补偿器连接后会实现自动补偿,使冷端维持在一恒温值。补偿器为一个桥路,结构见图 2-3。R_1,R_2 和 R_3 都是锰铜丝制的电阻,其温度系数很小。R_4 是铜丝制的电阻,其阻值按一定规律随温度变化。R_B 是串联在电源回路中的降压电阻,用来调整补偿电动势的大小。冷端温度补偿器的基准点是当 $R_1 = R_2 = R_3 = R_4$ 时的温度,在此温度下,CD 两端无电位差,电桥处于平衡状态。当环境温度变化时,R_4 阻值也随着改变,电桥发生不

平衡,在 CD 两端产生电位差,使之正好补偿热电偶因冷端温度变化造成热电动势的改变。不同分度号热电偶配不同型号的补偿器,并用补偿导线连接。

在使用显示器或电子电位差计与热电偶配套测温时,要注意不能接补偿器,因为这些仪表内已装有补偿装置。

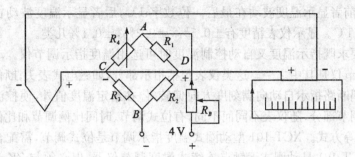

图 2-3　冷端温度补偿装置

4.热电偶与仪表的配套使用

根据热电偶的测温原理,当冷端温度一定时,热电偶回路的热电势只是被测温度的单值函数。因此测温时使用测热电势的仪表,测出热电偶回路的热电势就可以得到所测温度。为此,必须与测量热电势的仪表配套使用。常用测量热电热的仪表有手动电位差计、动圈仪表、自动电子电位差、数字式电压表以及其他具有数字显示功能的仪表等。按其测温指示原理主要分电位差式(补偿法)和磁电式两种仪表。仪表中有的指示电动势数值,有的直接指示温度值,有的既能指示温度又能自动控温,还有的可把测定的温度自动打印记录下来,并可根据需要选择。

(1)测定热电势数值时,选用电位差计和毫伏计是最方便的。尤其是手动电位差计,其测定精密度很高,最小读数可达 0.01 μV,是实验室测量精确温度和校正热电偶的理想仪器。国产的几种手动电位差计主要技术指标可查阅相关资料。电位差计测温精度比毫伏计高。

(2)要求仪表能直接指示温度时,可选用温度指示仪。如 XCT-101 动圈式温度指示仪和测温毫伏计,都是电磁式表头。仪表是在规定条件下分度的(如配热电偶型号、冷端温度、外接电阻值等),使用必须符合分度条件。换句话说热电偶分度号和仪表分度号必须一致。在特殊情况下,仪表与热电偶分度号不一致但又急需使用时,只要在测温量程内,热电偶热电势与仪表满刻度的毫伏数相当也可采用,但仪表指示的温度必须重新标定。

近几年来,电子仪表发展迅速,显示仪表得到普遍运用,故测温显示仪表在实验室内被大量使用。这种仪表被称为面板式数字温度测定仪。它由仪表面板内数码管和发光二极管显示被测温度,同样也要按热电偶分度号与仪表分度号配装。该仪表型号种类繁多,有晶体管或集成电路构成的,也有采用微处理机的。通常有三位半和四位半两种,后者测温精度高,但价格较贵。对于测定温度范围不大并且要求测量精度不太高的,选用三位半的面板数字显示仪表即可满足要求。前者显示温度波动在最后一位数字 1℃,后者显示温度波动在最后一位数字 0.1℃。显示仪表精度有±0.5%,±0.2%,±0.1%几类。

(3)要求既指示温度又自动控制温度时可选用温度指示调节仪。动圈式温度指示调节仪是其中之一。这类仪表包括指示部分,如磁电式表头;断偶保护部分,热电偶断路指示自动向满刻度方向偏转,停在给定温度值外,使控温停止加热;温度调节部分,随仪表不同而不同,有位式调节、时间比例调节和比例、积分、微分调节等方式。XCT-101 型动圈式温度指示调节是位式调节,需配合使用接触器。XCT-191 是动圈式无触点连续式温度调节仪器,但必须与 ZK-1 型可控硅电压调整器配合使用,通过改变可控硅导通角来控制负载加热。这类仪表控温精度较高,加热温度比较平稳,是实验室大量使用的一种仪表。

(4)要求指示和记录温度时,可采用电子电位差计与热电偶配套使用,亦可以附有温度自控部分。

目前较为流行的是单板机温度控制与温度数字显示以及与打印机连接、微计算机测试温度与自动温度控制以及屏幕显示连接在一起等手段。这类仪表在实验室有逐步代替上述各种测温、控温仪表的趋势。

我国生产的测温仪表种类繁多,在选用有关仪表时应参考自动化仪表产品样本,并注意仪表的准确度等级。仪表等级有 0.1,0.2,0.5,1.0,1.5,2.5,4.0 七个等级。所谓几级精度仪表是指测量时可能产生的误差占满刻度的百分之几。精度级的数字越小,则准确度就越高。同一等级的仪表选用量程恰当与否,也影响测量的准确度。如两只 2.0 级毫伏表,一只量程为 0~50 mV,另一只量程为 0~100 mV。用前一只表测量 50 mV 的电势,产生误差为 $50 \times 2.0\% = 1$ mV;而用后一只测量 100 mV 的电动势,产生误差为 $100 \times 2.0\% = 2$ mV,扩大了 1 倍。可见精度级相同,量程越大误差也越大,故只要量程够用应选用量程小的仪表去测量温度。通常量程选择应使最大测量读数在 2/3 为宜。

三、热电阻温度计

1. 概述

热电阻温度计是利用金属导体或半导体的电阻值随温度变化而改变的特性来进行温度测量的。它也是一种用途广泛的测温仪器,在工业生产中,-120℃~500℃范围内的温度测量场合常使用热电阻温度计。其优点是测量精度高,性能稳定;灵敏度高,低温时产生的信号比热电偶的大很多,容易测准;由于本身电阻大,导线的电阻影响可以忽略,因此信号可远传和记录。

热电阻温度计的热敏元件有金属丝和半导体两种。通常前者使用铂丝或者铜丝,后者使用半导体热敏物质。常用热电阻温度计的使用温度如表 2-3 所示。

表 2-3　电阻温度计的使用范围

种类	使用温度范围/℃	温度系数/℃$^{-1}$
铂电阻温度计	$-260\sim630$	$+0.003\ 92$
镍电阻温度计	150 以下	$+0.006\ 2$
铜电阻温度计	150 以下	$+0.004\ 3$
热敏电阻温度计	350 以下	$-0.03\sim-0.06$

由于高纯度铂易制备且不易变质、电阻系数大、温度系数恒定,所以金属电阻温度计几乎全用铂制造。它已用来作为国际实用温标 630℃以下的标准温度计,特别适用于温度变化大的精密测量。其缺点是不能测量高温,电流过大时,会发生自热现象而影响准确度。

半导体热敏电阻是用各种氧化物按一定比例黏合烧结而成的。其灵敏度高,体积小,价格便宜;缺点是测温范围窄,重复性差。

2. 金属电阻温度计

纯金属和多数合金的电阻率会随温度升高而增加,即具有正温度系数。在一定温度范围内电阻与温度呈线性关系,如下式:

$$R_T = R_0[1+\alpha(T-T_0)] \tag{2-3}$$
$$\Delta R_T = \alpha R_0(\Delta T) \tag{2-4}$$

式中,R_T,R_0 为温度 T 和 T_0(通常为 0℃)时的热电阻,Ω;α 为电阻温度系数,℃$^{-1}$;ΔT 为温度的变化量,℃;ΔR_T 为电阻值的变化量,Ω。

由此可以看出,正是由于温度的变化,会导致金属导体的电阻发生变化。因此,只要测出电阻值的变化,就可以测量温度。

最佳和最常用的金属电阻温度计材料是纯铂,其测温范围为$-200℃\sim500℃$。铜丝电阻温度计也得到了一定的应用,它的测温范围为$-150℃\sim180℃$。铜丝的优点是线性度好、电阻温度系数大,缺点是易被氧化和电阻率低,测量滞后效应较严重。

3. 热敏(半导体)电阻温度计

热敏电阻体是在锰、镍、钴、铁、锌、铝、镁等金属氧化物中分别加入其他化合物,以适当比例混合烧结而成的。热敏电阻和金属导体的热电阻不同,它属于半导体,具有负电阻温度系数,其电阻值是随温度的升高而减小,随温度的降低而增大。虽然温度升高粒子的无规律运动加剧,会引起自由电子迁移率略为下降,然而自由电子的数目随温度的升高而增加得更快，所以温度升高其电阻值下降。

热敏电阻可制成各种形状。用做温度计的热敏元件是制成小球状的热敏电阻体，并用玻璃或其他薄膜包裹而成。球状热敏电阻体的本体为直径 $1\sim2$ mm 的小球，封入两根 0.1 mm 的铂丝作为导线，再通过其他导线接入测量仪表。

由于热电阻只能反映温度变化而引起的电阻值的改变，因此需要用测量显示仪表才能读出温度值。工业上与热电阻配套使用的测温仪表种类繁多，主要有电子平衡电桥和数字式显示仪表。

使用热电阻可以对温度进行较为精确的测量，因而在某些要求较高的场合，需对热电阻进行标定。通常用较为精密的仪器测出被标定的热电阻在已知温度下的阻值，然后作出温度-阻值校正曲线，供实际测量使用。

四、温度的控制技术

在化学化工实验研究及生产中，多数化学反应过程和单元操作都需要控制反应温度和操作温度，温度的控制对科学研究和工业生产都十分重要。在化工实验和工业生产过程中，由于介质获得热量的来源各异，因而控制手段也各不相同，本部分仅讨论化工实验中应用较多的电热控制方法。

在化工实验或生产过程中，由于电能较容易得到，且易转换为热能，因而得到了广泛的应用，其加热主体为电热棒、加热带和电炉丝等，通过控制加热主体的加热电压即可控制温度。其温度控制的方式主要有手动调节电压控温、继电器式控温和精密自动控制。如在精馏实验中，通过控制塔釜加热棒的加热电压来控制塔釜的加热量，即上升蒸汽量，其控制电路由热电偶、测控仪表和固态继电器组成，如图 2-4 所示。

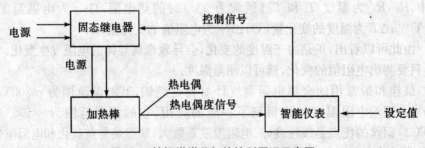

图 2-4　精馏塔塔釜加热控制原理示意图

第二节　压力测量

在化工实验中，操作压力是一个非常重要的参数。例如，精馏、吸收等化工单元操作所用塔设备,需要经常测量塔顶、塔釜的压力,以便了解塔设备的操作是否正常。又如在离心泵实验中,泵进出口压力的测量对于了解离心泵的性能和安装是否正确都是必不可少的参数。化工生产和科学研究中,压力的测量范围很广,可从 1 000 MPa 到远低于大气压的负压(高真空度),要求的精度也各不相同,所以目前使用的压力测量仪器种类繁多,原理也各不相同。通常测量压力的方法有液柱法、弹性变形法和电测压力法三种。现将化工实验室常用的液柱式压差计简述如下。

　　液柱式压差计是利用液柱产生的压力与被测介质压力相平衡,然后根据液柱高度来确定被测压力值的压力计。应用液柱测量压力的方法是以流体静力学原理为基础的。液柱所用液体种类很多,单纯物质或液体混合物均可,但所用液体与被测介质之间必须有一个清晰而稳定的界面以便准确读数。常用的工作液体有水、水银、四氯化碳等。

　　液柱压差计包括 U 形管(倒 U 形管)压差计、单管压差计、斜管压差计、微差压差计等。

一、U 形管压差计

　　U 形管压差计是由一根粗细均匀的玻璃管弯制而成的,也可以用两根粗细相同的玻璃管做成连通器的形式。玻璃管内充填工作指示液,一般用水或水银。当被测压差很小,并且流体是水时,还可以用氯苯和四氯化碳作为指示液。简单的 U 形管压差计的结构如图 2-5 所示,其中 1,2 为玻璃管,3 为刻度标尺。

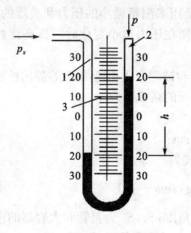

图 2-5　U 管压差计

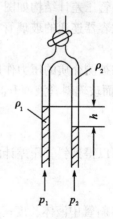

图 2-6　倒 U 管压差计

　　当被测介质的压力 p_x 大于大气压力 p 时,管 1 中的工作液体液面下降,管 2 中的工作液体液面上升,一直到两液面差的高度 h 产生的压力与被测压力相

平衡时为止。如果被测介质是气体,可得到被测压力值 p_x 为

$$p_x = h\rho g \tag{2-5}$$

式中,ρ 为工作液体的密度,$kg \cdot m^{-3}$;g 为重力加速度,$m \cdot s^{-2}$。

如果被测介质是液体,则

$$p_x = h(\rho - \rho_x)g \tag{2-6}$$

式中,ρ_x 为被测介质的密度,$kg \cdot m^{-3}$。

液柱式压差计一般是以毫米均匀刻度的,其压力测量单位采用 Pa 或 kPa。

在 U 形管压差计中很难保证两管的直径完全一致,因而在确定液柱高度 h 时,必须同时读出两管的液面高度,否则就可能造成较大的测量误差。

U 形管压差计的测量范围一般为高度差 800 mm,精度为 1 级,可测得表压、真空度、差压以及作校验流量计的标准差压计。其特点是零位刻度在刻度板中间,使用前无须调零,液柱高度须两次读数。

有时将 U 形管压差计倒置,形成如图 2-6 所示的形式,称为倒 U 形管压差计。这种压差计的优点是不需要另加指示液而以待测液体为指示液。其压差值为

$$p_1 - p_2 = h(\rho_1 - \rho_2)g \tag{2-7}$$

当 ρ_2 为空气的密度时:

$$p_1 - p_2 = h\rho_1 g \tag{2-8}$$

二、斜管压差计

斜管压差计结构如图 2-7 所示。它是用来测量微小的压力和负压的,为此将与大容器连通的玻璃管做成倾斜式以便在压力微小变化时可提高读数的精度。

在被测介质的压力作用下,由于容器与被测介质相通,因此容器内的液面下降 h_2,而玻璃斜管液面升高 h_1,显然两液面的高度差为

$$h = h_1 + h_2 \tag{2-9}$$

$$h_1 = l\sin\alpha \tag{2-10}$$

因此可以得到斜管压差计的压差计算公式为

$$p_x = h\rho g = l\rho g \left(\sin\alpha + \frac{S_1}{S_2}\right) \tag{2-11}$$

式中,l 斜管中液体长度;α 为斜管的倾斜角度;S_1,S_2 为斜管和大容器的内截面积。

当 $S_2 \gg S_1$ 时,上式可简化为

$$p_x = h\rho g = l\rho g \sin\alpha \tag{2-12}$$

由此可见,由于斜管倾斜了一个 α 角度,增加了工作液体沿斜管的长度,即

增大了 $l/\sin\alpha$ 倍,使读数精度有所提高。但斜管也不能倾斜得太厉害,否则会使斜管内的液面过分拉长甚至冲散,反而读数不准,一般 α 不小于 $15°$。

三、微差压差计

当用倾斜的微压计所示的读数仍然很小时,可采用微差压差计,其构造如图 2-8 所示。在 U 管中放置两种密度不同又互不相溶的液体 A 和 B,U 管上端有两个直径远大于玻璃管的扩张室,其作用是当读数 R 有变化时,扩张室内的指示液 A 的液面无显著变化(这样可以认为指示液 A 的液面不因读数的变化而变化)。

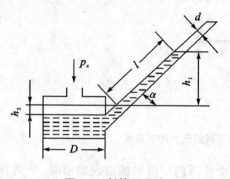

图 2-7　斜管压差计

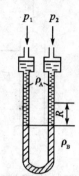

图 2-8　微差压差计

按静力学方程:

$$p_1 - p_2 = \Delta p = Rg(\rho_B - \rho_A) \tag{2-13}$$

对于一定的压强差,若 $(\rho_B - \rho_A)$ 愈小,则 R 的读数愈大,所以当所使用的两种指示液的密度接近时,R 值的读数很大,特别适用微小压差的测量。

常用的 A-B 指示液有四氯化碳-水、碘乙烷-水或苄醇-氯化钙溶液(密度可以随氯化钙用量的多少而变)。

四、液柱式压差计使用的注意事项

液柱式压差计构造简单、使用方便、测量准确度高,但耐压程度差、结构不牢固、容易破碎、测量范围小,其测量值与所用指示液的密度有关。在使用时应注意以下几点:

(1)被测压差不能超过仪表的测量范围。

(2)所选择的指示液不能与被测介质混合或起化学反应。

(3)安装位置应避开过热、过冷和有震动的地方。

五、压力的控制技术

在生产和科学研究过程中,压强是一个重要参数,在很多情况下需要维持某一设备或某一工业系统保持恒定的压力,如在某反应器中,若反应器内压力波动,则会影响气-液平衡关系和反应速率。当要求不高时,实验室可以采用缓冲瓶和缓冲罐来进行稳压。当系统要求较高时,常用调节阀组压力控制系统来控制体系的压强。常用的调节阀组压力控制系统如图 2-9 所示。

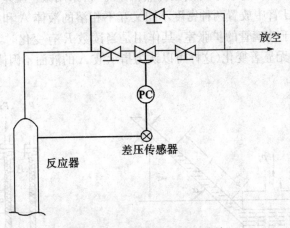

图 2-9　调节阀组压力控制系统

当工业系统中因某种条件变化而使器内的压力偏离设定值时,该调节系统将适时地调整调节阀的开度,使器内的压力维持恒定。由于工业生产过程情况复杂,因此控制方案、被控制对象的选择应根据实际情况而定。上述控制方案适用于生产过程中会释放一定能量使反应器内压力升高,或由于其他原因(如加热)而使反应器内压力上升的场合。若某种反应吸收能量降低系统压力时,则应由外部介质(如氮气或压缩空气)向反应器内补充以维持压力恒定。用调节阀组控制压力的优点是易得到稳定的压力、精度较高,但调节阀组的价格昂贵、安装复杂。在某些场合,如实验研究装置允许压力在小范围内波动时,可用电磁阀来代替调节阀组,形成控制系统。如实验室中常用的减压精馏压力控制系统,如图2-10 所示。

精馏塔内不凝气体由冷凝器进入缓冲罐,使缓冲罐内压力不断上升,塔内的压力也随之升高。当真空泵抽出这部分气体时,塔内压力会不断下降。设计时应使真空泵的流量略大于精馏塔内不凝气体的流量。在真空泵的作用下,精馏塔内的压力将不断降低。当塔内压力低于设定值时,电磁阀开启,氮气或空气补入缓冲罐,使压力升高,超过给定值后,电磁阀闭合,真空泵继续抽真空。在电磁阀后加以微调阀,可以调节空气进入缓冲罐的流量,使电磁阀不至于频繁动作。

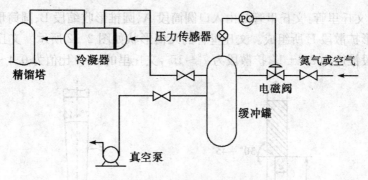

图 2-10　减压精馏压力控制系统

第三节　流量测量

流体的流量是化工生产过程和化工实验中必须测量并加以调节、控制的重要参数之一。测量流量的仪表很多,化工实验室常用的流量测量装置主要有孔板流量计、文丘里流量计、转子流量计和涡轮流量计。其中孔板流量计和文丘里流量计属于变压力流量计(或差压式流量计),而转子流量计属于变截面流量计。

一、差压式流量计

差压式流量计利用节流元件对流体的节流作用,使流体的流速增大、压力减小,以产生的压力差作为测量的依据。常用的节流元件有标准孔板、文丘里管等。

1. 常用的节流元件种类

(1)标准孔板:标准孔板的形状如图 2-11 所示。它是一个中央带有圆孔的板,孔的中心位于管道的中心线上。其中 A,B,C 为孔板加工的表面粗糙度要求,其数据大小可参阅国家标准 GB 2624—81。

标准孔板的开孔直径是一个非常重要的尺寸,其加工精度要求较高,对制成的孔板,应至少取四个大致相等的角度测得直径的平均值。任一孔径的单测值与平均值之差不得大于 0.05%。孔径 d 应大于或等于 12.5 mm,孔径比 $\beta = d/D = 0.2 \sim 0.8$($D$ 为管道直径)

孔板开口上游侧的直角入口边缘,应锐利无毛刺和划痕。若直角入口边缘形成圆弧,其圆弧半径应小于或等于 0.000 4 d。孔板进口圆筒的厚度 e 和孔板厚度 E 不能过大,以免影响精度。标准孔板的进口圆筒部分应与管道同心安装。孔板必须与管道轴线垂直,其偏差不得超过 $\pm1°$。孔板材料一般用不锈钢、铜或硬铝。

（2）文丘里管：文丘里管是由入口圆筒段 A、圆锥形收缩段 B、圆筒形喉部 C 和圆锥形扩散段 E 所组成。文丘里管的几何形状如图 2-12 所示。文丘里管第一收缩段锥度为 $21°\pm1°$，扩散段为 $7°\sim15°$，文丘里的 d/D 比值为 $0.4\sim0.7$。

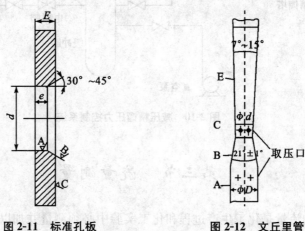

图 2-11　标准孔板　　　　　　　　图 2-12　文丘里管

2. 节流元件的取压方式

节流元件的测压地点与取压方式有以下几种，在设计小型孔板装置时可以选用任一种。

（1）角接取压：在孔板前后单独钻有小孔取压。

（2）环室取压：环室内开了取压小孔。角接、环室取压小孔直径为 $1\sim2$ mm。环室取压的前后环室装在节流件的两侧。环室夹在法兰之间。法兰和环室、环室和节流件之间放垫片并夹紧。文丘里管的取压装置一般放在文丘里管前方流束未收缩和喉部后面的缩脉处，如图 2-12 所示（角接取压和环室取压的详图可参阅"化工原理"教材）。

二、转子流量计

转子流量计在测量过程中，流体流经节流口所产生的压差保持恒定，而节流口的面积随流量变化，由此变动的截面积来反映流量的大小，即根据转子所处位置的高低来读取流量。故此类流量计又称为变截面流量计。转子流量计读取流量方便，能量损失很小，能用于腐蚀性流体的测量，是化工实验室广泛应用的一种流量计。

1. 转子流量计的测量原理

转子流量计基本上由两部分组成，一个是由下往上逐渐扩大的锥形管（通常用玻璃制成，锥度为 $40'\sim3°$）；另一个是放在锥形管内可以自由运动的转子。测量时，被测流体由锥形管下部进入，沿锥形管向上运动，流过锥形管与转子之间的环隙,再从锥形管上部流出。当流体自下而上流过垂直的锥形管时,转子受到两个力的作用:一是垂直向上的推动力,它等于流体流经转子与锥管间的环形截面积所产生的压力差;另一个是垂直向下的净重力,它等于转子所受的重力减去流体对转子的浮力。当流量加大使压力差大于转子的净重力时,转子就上升;当流量减少使压力差小于转子的净重力时,转子就下沉;当压力差与转子的净重力相等时,转子处于平衡状态,即停留在一定位置上。在玻璃管外表面上刻有读数,根据转子的停留位置即可读出被测流体的流量。

2.转子流量计测定其他物质时流量的换算

转子流量计的刻度与被测流体的密度有关。通常流量计在出厂之前,选用水和空气分别作为标定流量计刻度的介质。当用来测量其他流体时,需要对原有的刻度加以校正。对一般液体介质来说,当温度和压力改变时,流体的黏度变化不大(一般不超过 0.01 Pa·s),可从下式方便地得到流体体积流量的修正公式:

$$Q_{实} = KQ_{标} = \sqrt{\frac{(\rho_{转} - \rho_{流})\rho_{水}}{(\rho_{转} - \rho_{水})\rho_{流}}} Q_{标} \tag{2-14}$$

式中,$Q_{实}$ 为被测流体的实际流量,$m^3 \cdot s^{-1}$;$Q_{标}$ 为用水标定时的刻度流量,$m^3 \cdot s^{-1}$;K 为密度修正系数;$\rho_{转}$ 为转子材料的密度,$kg \cdot m^{-3}$;$\rho_{流}$ 为被测流体的密度,$kg \cdot m^{-3}$;$\rho_{水}$ 为标定条件下(20℃)水的密度,$kg \cdot m^{-3}$。

同样测量气体的转子流量计用于非空气流体的测量时,可按下式修正:

$$Q_1 = Q_0 \sqrt{\frac{\rho_0 p_0 T_1}{\rho_1 p_1 T_0}} \tag{2-15}$$

式中,Q_1,ρ_1,p_1,T_1 分别为工作状态下流体的体积流量、密度、绝对压强和绝对温度;Q_0,ρ_0,p_0,T_0 分别为在标准状态下(1.013×10^5 Pa,293 K)的空气体积流量、密度、绝对压力和绝对温度。

三、涡轮流量计

涡轮流量计为速度式流量计,涡轮叶片因流体流动冲击而旋转,其旋转速度随流体流量的变化而变化。通过适当的装置,将涡轮转速转换成电脉冲信号,通过测量脉冲频率,或用适当的装置将电脉冲信号转换成电压或电流输出,最终测得流体的流量。

涡轮流量计具有以下特点:

(1)测量精度高。精度可以达到 0.5 级以上,在狭小范围内甚至可达0.1%,故可以做校验 1.5～2.5 级普通流量计的标准计量仪表。

(2)对被测量的信号的变化反应快。被测介质为水时,涡轮流量计的时间常数一般只有几毫秒至几十毫秒,故特别适用于脉动流量的测量。

四、质量流量计

前面介绍的各种流量计都是测量流体的体积流量,从普遍意义上讲,流体的密度是随流体的温度、压力的变化而变化的。因此,在测量体积流量的同时,必须测量流体的温度和压力,以便将体积流量换算成标准状态下的数值,进而求出质量流量。这样,在温度、压力频繁变化的场合,测量精度难以保证。若采用直接测量质量流量的测量方法,在免去换算麻烦的同时,测量的精度也能有所提高。

质量流量的测量方法主要有两种:直接式,即检测元件直接反映出质量流量;推导式,即同时检测出体积流量和流体密度,经运算仪器输出质量流量的信号。它们均可以实现计算机数据的在线采集。

五、流量的控制技术

在连续的工业生产和实验过程中,物料的流量要保持稳定,因此需要控制物料的流量。流量的控制技术很多,下面简单介绍几种实验室常用的流量控制技术。

1. 用调节阀控制流量

在精馏实验操作中,只有保持进料量和采出量等参数稳定,才能获得合格产品。常用的调节阀控制流量系统如图 2-13 所示,它是一种采用调节阀、智能仪表、孔板流量计和差压传感器等器件实现流量的调节和控制的调节系统。

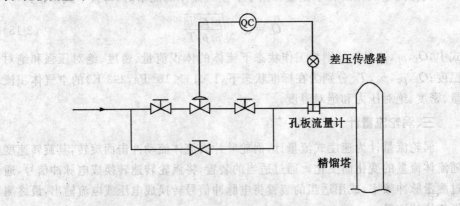

图 2-13 调节阀控制流量系统

2. 用计量泵控制流量

当物料流量较小时,采用上述调节方案会造成较大误差,一般采用计量泵控制流量。

3. 用电磁铁分配器控制流量

　　在精馏实验中,可采用回流比分配器控制回流量和采出量,这种控制方法不仅简单而且比较准确,其结构如图 2-14 所示。分配器为一玻璃容器,有一个进口、两个出口,分别连接精馏塔顶冷凝器、产品罐和回流管;中间有一根活动的带铁芯的导流棒,在电磁铁有规律的吸放下,控制导流棒上液体流向,使液体流向产品罐或精馏塔。

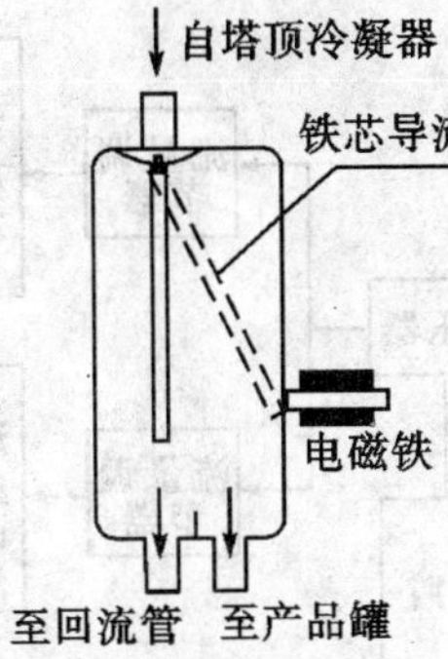

　　4. 用变频器控制流量

图 2-14　回流比分配器结构

　　当流量较大且精度要求不是很高时,可采用变频器控制电机的转速,从而控制流体流量。以上所有计量传感器和仪表,均可根据用户要求,在计算机网络中查询、选用。

第四节　化工实验室常用成分分析仪表简介

　　成分分析仪表是对物料的组成和性质进行分析、测量,并能直接指示物料的成分及含量的仪表,分为实验室用仪表和工业用自动分析仪表。前者用于实验室,分析结果较准确,通常由人工现场取样,然后人工进样分析。后者用于连续生产过程中,周期性自动采样,连续自动进样分析,随时指示、记录、打印分析结果,所以工业分析仪表又称为在线分析仪表或过程分析仪表。化工实验室常用的成分分析仪表有色谱仪、溶氧仪、阿贝折射仪等。

一、色谱仪

　　色谱仪是一种高性能的实验室分析仪器。仪器在工作时需通一种载气(或载液)作为流动相,色谱分离柱中的填充物或表面涂覆的高分子有机化合物为固定相。被分析的混合物中各组分就是在两相之间进行反复多次的分配或根据填充吸附剂对每个组分的吸附能力的差别来达到分离的目的。经分离后的单一组分逐一进入检测器并转化为相应的电信号,在记录仪上显示结果,从而达到定性、定量分析的目的。

　　色谱法一般分为两大类:气相色谱和液相色谱。

　　1. 气相色谱

　　(1)气相色谱的组成:气相色谱一般由载气钢瓶(或气体发生器)和气路、进样部件、色谱柱、检测器和温度控制系统组成,如图 2-15 所示。

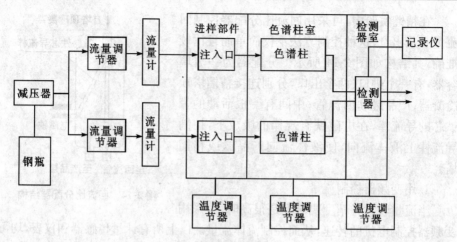

图 2-15　气相色谱组成

用氦气或氩气等做载气,由钢瓶连续地供给色谱柱。采用稳流调节器精密地调节流量,从而使流量不受柱温变化的影响而保持恒定。载气经进样部件流向色谱柱及检测器。进样部件、色谱柱和检测器分别用独立的温度调节器控制温度。进样部件和检测器在分析过程中一直保持恒温,色谱柱室在分析过程中按一定速度升温,以缩短沸点范围宽的混合物的分析时间,这种升温法是气相色谱中一种重要的方法。用微量注射器直接将 $1\sim4$ μL 液体样品或溶于低沸点溶剂的固体样品注入已加热的进样部件(气体系用气密注射器或气体进样阀注入 $1\sim5$ mL),样品将在瞬间汽化,并被载气输送到色谱柱。色谱柱为不锈钢管或玻璃管,内部均匀填充用 $1\%\sim30\%$ 高沸点固定液(硅油或聚乙烯醇等)浸渍的硅藻土,或者填充氧化硅、分子筛、活性炭和氧化铝等吸附剂。在前一种色谱柱中以分配力、在后一种色谱柱中以吸附力保留样品组分。因为保留能力不同,各组分在色谱柱内移动的速度有快有慢而互相分离。将分离后的组分,用检测器转换成与它们在载气中的浓度相对应的输出信号,用记录仪记录。测量从注入样品到流出组分的时间作定性分析,测量记录的峰面积作定量分析。常用的检测器有:①热导检测器(TCD),不论有机物或无机物,对各种样品都通用;②氢焰离子化检测器(FID),对无机气体无响应,对有机物显示高灵敏度;③电子俘获检测器(ECD),适用于卤代烃等电负性大的物质,是高灵敏度的选择性检测器,因而被用于多氯联苯及卤代烷基汞的微量分析;④碱金属盐热离子化检测器(TID),对含有氮或磷的物质是高灵敏度的选择性检测器;⑤火焰光度检测器(FPD),在还原性氢焰中,可以高灵敏度地、选择性地检测含硫化合物(394 nm)或含磷化合物(526 nm)发出的光。

（2）气相色谱法的特点：由于流动相为气体，故气相色谱法具有很多优势：

1）气体黏度小，增加色谱柱长度可改善分离能力；

2）比较容易地制备具有高分离能力的色谱柱，且使用寿命长；

3）如果用非极性柱，组分可按沸点顺序流出。因此，在分配气相色谱法中，若已知化合物，则可预测流出顺序；

4）样品组分在固定相和流动相中易于扩散，能迅速达到分配平衡，故可提高流动相的流速以缩短分析时间；

5）检测惰性气体中的样品组分时，可以使用各种高灵敏度检测器，所以能作极微量分析和特定组分的高灵敏度的选择性检测；

6）容易与质谱仪或傅立叶变换红外分光光度计联用，便于多组分混合物的分离和鉴定。

7）使用通用型检测器时，可以预测注入样品在多大程度上能作为色谱峰流出并被检测，所以分析的可信度高。在不要求精度时，也可以把峰面积百分数近似为组成百分数，进行快速定量分析。

由于流动相是气相，故气相色谱分析方法适用范围窄，且用选择性检测器作微量分析时，样品必须经过前处理以除去干扰组分，一般要先采用液相色谱或薄层色谱法。在化工基础实验中，精馏实验和吸收实验常使用气相色谱法分析实验结果。

2.液相色谱

高效液相色谱法在 20 世纪 60 年代后半期迅速发展起来，一般由溶剂罐、高压输液泵、样品注入器、色谱柱、检测器和温度控制装置构成，如图 2-16 所示。色谱柱为不锈钢管，在高压下用匀浆法填充粒度分布窄的、粒径一般为 $5\sim10$ μm 的全多孔硅胶，或化学键合型硅胶。

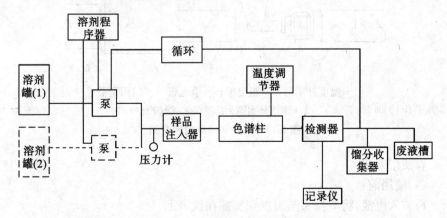

图 2-16　液相色谱组成图

根据样品的性质决定分离方式,并选择相应的色谱柱填料和流动相。在吸附液相色谱法和梯度洗脱法中,流动相的纯度是很重要的问题。对不常使用高效液相色谱法的分析单位,可采用市场上出售的高效液相色谱法使用的溶剂或精制后的溶剂,经超声波清洗器脱气后作为流动相。

检测器包括灵敏度较低的通用型示差折光仪、具有高灵敏度和选择性的紫外检测器和荧光检测器、针对离子性物质的电导检测器。它们均具有非破坏检测组分的特点并得到了广泛的应用。此外,还有把适当的反应试剂连续地和色谱柱洗脱液混合,使特定组分显色或转换成荧光物质,再用光学法检测的化学反应检测器。

虽然高性能液相色谱法的原理和气相色谱法相同,但它是使传质最佳化、分离速度提高达 $10^2 \sim 10^3$ 倍的方法。

高效液相色谱法的主要特点:

(1)适用样品范围广。

(2)可以使用高效的分离柱,易于分离复杂的多组分混合物。并可以根据样品的组分将流动相和固定相的组合最佳化以满足分离要求。

(3)把被分离的组分溶解在洗脱液中,可以全部回收。

(4)可以使用多种非破坏性高灵敏度和选择性的检测器,将几种检测器串联起来,根据其对应特性,获取与定性有关的重要信息。

二、溶氧仪

化工实验中测量水中或溶液中溶解氧的浓度,常采用溶氧仪。溶氧仪的关键部件为氧探头,其结构示意图如 2-17 所示。

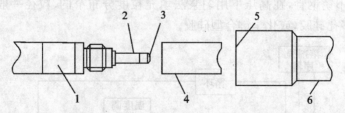

1—温度补偿器;2—银电极;3—金电极;4—膜固定器;
5—海绵体(保持湿润);6—保护套

图 2-17　氧探头的结构示意图

1. 使用方法

(1)使用前:

1)装入电池,将氧探头与温度探头插在仪表上。

2)准备一杯清水,在空气中静置数小时,使其成为饱和氧水溶液。

3)将氧探头与温度探头同时插入饱和氧水溶液中约 10 min 使其极化。

4)探头一直保持连接状态,不再需要极化操作,关闭仪表不受影响。

(2)测量:

1)按 ON 键打开仪表。

2)将两探头同时插入饱和氧水溶液中,并保持溶液流动,若不流动,则需搅拌。

3)按 MODE 键使屏幕中右下角显示％,调节 Slope 旋钮使屏中数据达100％。

4)按 MODE 键,使左下角显示 zero,调节 zero 键,使屏中数据为零。

5)重复 3)和 4),使 zero 指示为零时,满度保持在 100％。

6)将探头放在被测溶液中,同时需要搅拌。

7)按 MODE 键,使右上角显示 mg·L^{-1},此时屏幕中的数据即为此溶液的含氧量(mg·L^{-1})。

2.注意事项

(1)测量完毕,按 OFF 键关闭仪表,不要卸掉电池与探头。将氧探头插入装有足量水的保护套内。

(2)使用探头与仪表时,要轻拿轻放,特别要注意不要使氧探头的膜与其他硬物质相碰,以免将膜碰破。

(3)仪表测量范围为含氧 0～19.9 mg·L^{-1}的水溶液,测量温度为－30℃～150℃。

三、阿贝折射仪

在化工实验中,常用阿贝折射仪测定二元混合液的组成。阿贝折射仪可以测定温度在 10℃～50℃ 内的折射率。折射率测量范围为 $n_D = 1.300\ 0 ～ 1.700\ 0$,测量精度可达±0.000 3。该仪器使用较简单,取得数据较快。折射仪的结构已在物理化学实验中介绍过,在此不再赘述。

1.使用方法

(1)先将折射仪置于白炽灯前,再将测量棱镜和辅助棱镜上保温夹套的水进出口与超级恒温水浴之间,用橡皮管连接好。然后将恒温水浴的温度自控装置调节到所需测量的温度(如(25±0.1)℃)。待水浴温度稳定 10 min 后,即可开始测量。

(2)加样:松开棱镜组上的锁钮,将辅助棱镜打开,用少量丙酮清洗镜面,用揩镜纸将镜面揩干。待镜面干燥后,闭合辅助棱镜,将试样用滴管从加液小槽中加入,然后旋紧锁钮。

(3)对光和调整:转动手柄,使刻度盘标尺的示值为1,并调反光镜,使入射光进入棱镜组,使测量望远镜中的视场最亮。再调节目镜,使视场准丝最清晰。转动手柄直至观察到视场中的明暗界限为止。此时若出现彩色光带,则应调节消色散手柄,直到视场内呈现清晰的明暗带为止。将明暗界限对准准丝交点上,此时,从读数望远镜中读得的读数即为折光率 n_D 的值。

(4)测量结束时,先将恒温水浴的电源关掉,同时关掉白炽灯,然后将棱镜表面擦干净。如果较长时间不使用,应将与恒温水浴连接的橡皮管卸掉,并将棱镜保温套中的水放干净,然后将折射仪收藏到仪器箱中。

2.注意事项

(1)保持仪器的清洁,严禁用手接触光学零件(棱镜及目镜等),光学零件只允许用丙酮、二甲苯、乙醚等清洗,并只允许用揩镜纸轻擦。

(2)仪器应严禁激烈振动或撞击,以免光学零件受损伤和影响精度。

参考文献

[1] 郭庆丰,彭勇.化工基础实验[M].北京:清华大学出版社,2004

[2] 雷良恒,潘国昌,郭庆丰.化工原理实验[M].北京:清华大学出版社,1994

[3] 张金利,郭翠梨.化工基础实验[M].北京:化学工业出版社,2006

[4] 赵彬侠,张秀成.化工基础实验[M].西安:西北大学出版社,2006

第三章　化工原理实验

实验一　雷诺实验

一、实验目的

(1)建立层流和湍流两种流动形态和层流时导管中流速分布的感性认识。

(2)观察流体流动轨迹随流速的变化情况。

(3)测定临界雷诺数 Re_c，掌握圆管中流动形态的判断方法。

二、实验原理

流体流动时，依不同的流动条件可以出现两种不同的流动型态，即层流(或称滞流)和湍流(或称紊流)。这一现象是由雷诺首先发现的。流体作层流流动时，其流体质点沿平行于管轴的直线运动，没有径向的脉动；而流体作湍流流动时，其流体质点除沿管轴方向向前运动外，还存在径向的脉动，且彼此之间会相互碰撞与混合。

流体的流动型态与流体的流速、密度和黏度、流体流动的管径有关，可以用上述诸因素组合成的雷诺数 Re 来判别：

$$Re = \frac{du\rho}{\mu} \tag{3-1}$$

式中，Re 为雷诺准数，无因次；d 为管子内径，m；u 为流体在管内的平均流速，$m \cdot s^{-1}$；ρ 为流体密度，$kg \cdot m^{-3}$；μ 为流体黏度，$Pa \cdot s$。

当流体在圆形直管内流动时，若 $Re < 2\,000$，则流动总是层流；而当 $Re > 4\,000$ 时，流动为湍流；当 Re 在 $2\,000 \sim 4\,000$ 范围内，流体处于一种过渡状态，可能是层流亦可能是湍流，主要受外界条件影响而定。由层流转变为湍流时的雷诺数称为临界雷诺数，用 Re_c 表示。

对于一定温度的流体，在特定的圆管内流动时，雷诺数仅与流体的流速有关，通过改变流体在管内的流动速度，可以观察流体的不同流动型态。

三、实验装置与流程

(1)实验装置：实验装置如图 3-1 所示。主要由玻璃试验导管、流量计、流量调节阀、低位贮水槽、循环水泵、稳压溢流水槽等组成。

(2)实验流程:水由水泵打入高位稳压水槽,通过试验导管流出,水流量的大小,可由流量计流量调节阀调节,其大小由流量计计量。示踪剂采用红色液体,由红色液体贮瓶的针管注入试验导管。

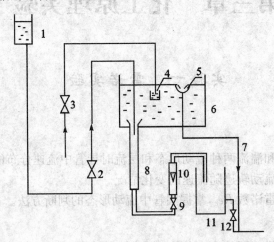

1—红色液体贮瓶;2—调节阀;3—进水阀;4—进水稳流装置;5—溢流槽;6—高位稳压水槽;
7—溢流管;8—实验管;9—调节阀;10—转子流量计;11—计量槽;12—旁路阀

图 3-1   流体流动型态实验装置流程图

四、实验步骤

(1)打开高位稳压水槽进水阀,至溢流水槽有水溢流而出后打开出水调节阀。

(2)使整个管路中充满水,用出水调节阀调节转子流量计的流量,并打开示踪剂储瓶的出液阀,调节阀门开关使示踪剂通过金属针管平稳流出且成一条直线。待流动稳定后,记录流体的流量。

(3)加大流体流量,观察示踪剂变化情况。

(4)测定下临界雷诺数:调节流量调节阀,使管中流体呈完全湍流,再逐步关小调节阀使流量减小。当流量调节到使红色液体在全管内刚呈现出一稳定直线时,即为下临界状态,测定下临界雷诺数。

(5)测定上临界雷诺数:逐渐开启调节阀,使管中水流由层流过渡到湍流,当红色水线刚开始散开时,即为上临界状态,测定上临界雷诺数。

(6)实验结束后,关闭示踪剂储瓶的出液阀,并冲洗管路中剩余的示踪剂,以防示踪剂的沉积物堵塞针管。关闭进水阀门。

五、注意事项

(1)实验中应随时注意并调节稳压水槽的溢流水量,防止稳压水槽内液面突变引发的扰动对实验结果的影响。

(2)实验中要注意调节示踪剂的注射速度,一般应与流体的主体速度相近(略低)。因此,随着水流速度的增大,需相应地细心调节示踪剂的流量,才能得到较好的实验结果。

(3)实验过程中,切勿碰撞设备,操作应轻巧缓慢,以免干扰流体流动过程的稳定性。

(4)实验结束后一定要清洗干净示踪剂管道,并把水槽内的水放空。

六、实验报告

(1)根据实验现象描述层流和湍流的特点。

(2)计算临界雷诺数。

七、思考题

(1)影响流体流动型态的因素有哪些?

(2)流型判据为何采用无量纲的雷诺数,而不采用临界流速?

(3)为何认为上临界雷诺数无实际意义,而采用下临界雷诺数作为层流与湍流的判据? 实测下临界雷诺数为多少?

(4)在化工生产中,不能直接观察管内流体的流动型态,可以用什么方法来判断流体流动型态?

(5)实验过程中哪些因素会导致稳定的流型突然发生改变,为什么?

(6)当溢流稳压水槽充水至溢流水位后不久就打开流量调节阀,发现红液体出现摆动,是否说明流动直接进入了过渡区? 为什么?

(7)雷诺数的物理意义是什么? 为什么可以用雷诺数来判别流型?

编写人:冯尚华

验证人:张建平

实验二 机械能转化实验

一、实验目的

(1)熟悉流体流动中各种能量和压头的概念及其相互转换关系,掌握柏努利方程。

（2）观察流速变化的规律。

（3）观察各项压头变化的规律；利用柏努利方程进行计算。

二、实验原理

（1）流体在流动时具有三种机械能，即位能、动能和静压能。这三种能量是可以相互转换的，当管路条件改变时（如位置高低、管径大小等），它们便会自行转化。如果是黏度为零的理想流体，因为不存在摩擦和碰撞而产生机械能的损失，因此同一管路的任何两个截面上，尽管三种机械能彼此不一定相等，但这三种机械能的总和是相等的。

（2）对实际流体而言，因存在内摩擦，流动过程中总有一部分机械能因摩擦和碰撞而损失，即转化为热能。对转化为热能的机械能，在管路中是不能恢复的。这样，对实际流体来说，两截面上的机械能的总和也是不相等的，两者的差值就是流体在这两个截面之间因摩擦和碰撞转化成了热能的机械能。因此，在进行机械能的计算时，就必须将这部分损失的机械能加到第二个截面上去。

（3）上述几种机械能都可用测压管中的一段液体柱的高度来表示，当测压管上的小孔（即测压孔的中心线）与水流方向垂直时，测压管内液位高度（从测压孔算起）即为静压头，它反映测压点处液体的压强大小。当测压孔由与水流方向垂直方位转为正对水流方向时，测压管内液位将因此上升，所增加的液位高度即为测压孔处液体的动压头，它反映出该点水流动能的大小。这时测压管内液位总高度则为静压头和动压头之和。

测压孔处液体的位压头由测压孔的几何高度决定。

（4）任何两个截面上，位压头、静压头、动压头三者总和之差即为压头损失，它表示液体流经这两个截面之间时机械能的损失。

三、实验装置与流程

（1）实验装置：由有机玻璃管、测压管、水槽、水泵等组成。各部分尺寸由具体实验装置给出。

（2）实验流程：水由高位槽流入系统，依次流过各段管路后进入水槽，通过泵使流体循环流动，如图 3-2 所示。

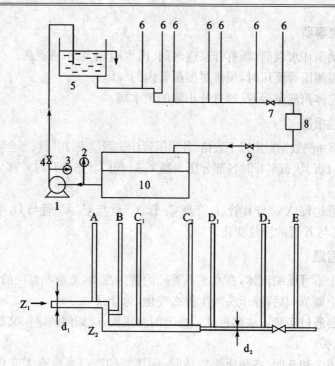

1—离心泵;2—真空表;3—压力表;4—出口调节阀;5—高位槽;
6—测压管;7,9—流量调节阀;8—流量测定装置;10—水槽

图 3-2　机械能转化实验装置流程图

四、实验步骤

(1)关闭阀 7 和 9,打开泵进水阀、出水阀,检查水槽内水位,开动循环水泵,待高位槽内有溢流后,打开阀 7 和 9 缓慢排出管内气体,待管内气体排净后,关闭阀 7 和 9,观察并记录各测压管中的液位高度 H_0。

(2)开阀 7 和 9 至一定大小,将测压孔转到正对着水流的方向,观察并记录各测压管的液位高度 H_1。

(3)不改变测压孔的位置继续开大阀 7 和 9,观察测压管液位变化并记录各测压管液位高度 H_2。

(4)不改变阀 7 和 9 的开度,将测压孔旋转至与水流方向垂直,观察测压管液位变化,并记录各测压管的液位高度 H_3。

(5)调节阀 7 和 9 至一定开度,用量筒、秒表测定这时的体积流量。在不改变阀 7 和 9 开度的情况下,将测压孔先后转到正对水流方向和垂直水流方向,分别记录测压管液位变化。

(6)调节阀 7 开度,观察 D_2 管和 E 管的液位变化。

五、注意事项

(1)开动循环水泵前,须打开泵进水阀、出水阀,水泵不可空载。

(2)利用测压管测压时,须排尽测压管内的气体。

(3)测完体积流量后,及时打开小罐的出水阀。

六、实验报告

(1)根据所测数据做出以下表格:各测压管压头测量表;阀门状态全闭时各部分压头损失表;阀门状态半开时各部分压头损失表;阀门状态全开时各部分压头损失表。

(2)注意比较 A 管与 B 管、B 管与 C_1 管、C_1 管与 C_2、C_2 管与 D_1 管、D_1 管与 D_2 管、D_2 管与 E 管的液位变化。

七、思考题

(1)对于不可压缩流体,在水平不等径的管内流动,流速和管径的关系如何?

(2)关小调节阀后,静压头发生什么变化,为什么?

(3)若要通过实验方法测定某截面上的总压头,应如何测定? 又如何得到截面上的动压头?

(4)关闭 7 和 9 阀,各测压头旋转时,测压管的液位高度有无变化? 这一现象说明什么? 这一高度的物理意义是什么?

(5)在测压孔正对水流方向时,各测压管的液位高度的物理意义是什么? 测压孔与水流垂直时,各测压管液位高度的物理意义是什么?

(6)对同一点而言,为什么 $H_0 > H_1$? 为什么距水槽越远,$(H_0 - H_1)$ 的差值越大? 这一差值的物理意义是什么?

(7)测压孔正对水流方向,开大阀 7 和 9,流速增大,动压头增大,为什么测压管的液位反而下降?

(8)将测压孔由正对水流方向转至与水流方向垂直,为什么各测压管液位下降? 下降的液位代表什么压头? 比较 A 管与 C_1 管、C_1 管与 C_2、C_2 管与 D_1 管、D_2 管与 E 管中下降液位的大小,并对此进行分析说明。

(9)旋转测压头能否进行流速、流量的测量? 简述方法。

(10)阀门 7 和 9 关小,流体在流动过程中,沿程各点的机械能如何变化? 系统的总阻力损失如何变化? 各测压点的静压头如何变化?

(11)阀门 9 开度不变,改变阀门 7 的开度,观察管 D_2 与 E 的液位大小,说明什么?

编写人:解胜利

验证人:苟建霞

实验三　流体流动阻力的测定

一、实验目的

(1)掌握测定流体流经直管、管件和阀门时阻力损失的一般实验方法。

(2)测定流体流经直管时的摩擦阻力,并确定摩擦系数 λ 与雷诺准数 Re 的关系。

(3)测定流体流经管件、阀门时的局部阻力系数 ξ。

二、实验原理

流体通过由直管、管件(如三通和弯头等)和阀门等组成的管路系统时,由于黏性剪应力和涡流应力的存在,要损失一定的机械能。流体流经直管时所造成的机械能损失称为直管阻力损失。流体通过管件、阀门时因流体运动方向和速度大小改变所引起的机械能损失称为局部阻力损失。

1. 直管阻力摩擦系数 λ 的测定

流体在水平等径直管中稳定流动时,阻力损失为

$$h_f = \frac{\Delta p_f}{\rho} = \frac{p_1 - p_2}{\rho} = \lambda \frac{l}{d} \frac{u^2}{2} \tag{3-2}$$

式中,λ 为直管阻力摩擦系数,无因次;d 为直管内径,m;Δp_f 为流体流经 l 米直管的压力降,Pa;h_f 为单位质量流体流经 l 米直管的机械能损失,J·kg^{-1};ρ 为流体密度,kg·m^{-3};l 为直管长度,m;u 为流体在管内流动的平均流速,m·s^{-1}。

滞流(层流)时:

$$\lambda = \frac{64}{Re} \tag{3-3}$$

$$Re = \frac{du\rho}{\mu} \tag{3-4}$$

式中,Re 为雷诺准数,无因次;μ 为流体黏度,Pa·s。

湍流时 λ 是雷诺准数 Re 和相对粗糙度(ε/d)的函数,须由实验确定。

由式(3-2)可知,欲测定 λ,需确定 l,d,测定 $\Delta p_f,u,\rho,\mu$ 等参数。l,d 为装置参数;ρ,μ 通过测定流体温度,再查有关手册而得;u 通过测定流体流量,再由管径计算得到。例如如果装置采用涡轮流量计测流量 $V(\mathrm{m^3 \cdot h^{-1}})$,则流速 u 为

$$u = \frac{V}{900\pi d^2} \tag{3-5}$$

Δp_f 可用 U 型管、倒置 U 型管、测压直管等液柱压差计测定,或采用差压变

送器和二次仪表显示。

(1)当采用倒置 U 型管液柱压差计时:

$$\Delta p_f = \rho g R \qquad (3-6)$$

式中,R 为水柱高度,m。

(2)当采用 U 型管液柱压差计时:

$$\Delta p_f = (\rho_0 - \rho) g R \qquad (3-7)$$

式中,R 为指示液液柱高度,m;ρ_0 为指示液密度,kg·m^{-3}。

根据实验装置结构参数 l, d,指示液密度 ρ_0,流体温度 T_0(查流体物性 ρ,μ),及实验时测定的流量 V、液柱压差计的读数 R,通过式(3-5)、(3-6)或(3-7)、(3-4)和式(3-2)求取 Re 和 λ。

2. 局部阻力系数 ξ 的测定

局部阻力损失通常有两种表示方法,即当量长度法和阻力系数法。

(1)当量长度法:流体流过某管件或阀门时造成的机械能损失可看作与某一长度为 l_e 的同直径的直管所产生的机械能损失相当,此折合的直管长度称为当量长度,用符号 l_e 表示。这样,就可以用直管阻力的公式来计算局部阻力损失,而且在管路计算时可将管路中的直管长度与管件、阀门的当量长度合并在一起计算,则流体在管路中流动时的总机械能损失 $\sum h_f$ 为

$$\sum h_f = \lambda \frac{l + \sum l_e}{d} \frac{u^2}{2} \qquad (3-8)$$

(2)阻力系数法:流体通过某一管件或阀门时的机械能损失表示为流体在小管径内流动时平均动能的某一倍数,局部阻力的这种计算方法称为阻力系数法,即

$$h_f' = \frac{\Delta p_f'}{\rho} = \xi \frac{u^2}{2} \qquad (3-9)$$

故

$$\xi = \frac{2\Delta p_f'}{\rho u^2} \qquad (3-10)$$

式中,ξ 为局部阻力系数,无因次;$\Delta p_f'$ 为局部阻力压强降,Pa;ρ 为流体密度,kg·m^{-3};u 为流体在小截面管中的平均流速,m·s^{-1}。

本实验采用阻力系数法表示管件或阀门的局部阻力损失。根据连接管件或阀门两端管径中小管的直径 d、指示液密度 ρ_0、流体温度 T_0(查流体物性 ρ, μ),以及实验时测定的流量 V、液柱压差计的读数 R,通过式(3-5)、(3-6)或(3-7)、(3-10)求取管件或阀门的局部阻力系数 ξ。

三、实验装置与流程

(1)实验装置:目前常用的实验装置有两种,如图 3-3 和图 3-4 所示。

实验装置Ⅰ：装置主要由水箱、离心泵、不同管径及材质的水管、阀门、管件、涡轮流量计和U型管压差计组成。其中管路部分有三根并联的直管，分别用于测定局部阻力系数、光滑管直管阻力系数、粗糙管直管阻力系数。

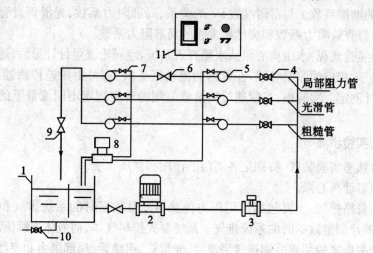

1—水箱；2—管道泵；3—涡轮流量计；4—进口阀；5—均压阀；6—闸阀；
7—引压阀；8—压力变送器；9—出口阀；10—排水阀；11—电气控制箱

图3-3 流体流动阻力实验装置流程图Ⅰ

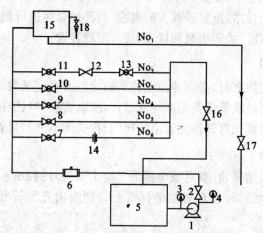

1—离心泵；2—出口阀；3—真空表；4—压力表；5—水箱；6—涡轮流量计；7,8,9,10,
11—管路切换阀；12—截止阀；13—球阀；14—孔板流量计；15—高位槽；16—流量调节阀；
17—层流管流量调节阀；18—溢流阀。No₁—层流管；No₂—球阀与截止阀连接管；
No₃—光滑管；No₄—粗糙管；No₅—突然扩大管；No₆—孔板流量计管线

图3-4 流体流动阻力实验装置流程图Ⅱ

实验装置Ⅱ：装置主要由贮水箱、离心泵、不同管径和材质的水管、各种阀门、管件、涡轮流量计和倒 U 型压差计等组成。管路中并联的长直管，分别为层流管、球阀与截止阀或闸阀连接管、光滑管、粗糙管、突然扩大管，分别用来测定层流时的摩擦系数 λ 与雷诺准数 Re 的关系、局部阻力系数、光滑管直管阻力系数、粗糙管直管阻力系数和突然扩大管的局部阻力系数。

(2)实验流程：水由离心泵从水箱打入系统，经涡轮流量计计量后，通过管路切换阀进入相应的测量管线，在管内的流动压头损失，可由压差传感器或 U 型管压差计测定。实验中，可以通过流量调节阀的开度测定不同流量下的压头损失。

四、实验步骤

(1)熟悉实验装置，特别是各阀门的作用和测压系统。

(2)启动离心泵。

(3)管路排气：主要包括使用压力传感器测量数据时的系统排气和使用 U 型管压差计测量数据时的系统排气。系统要先排尽气体，使液体连续流动。

(4)根据实验装置分别选择层流管、光滑管、粗糙管、局部阻力和突然扩大管进行阻力测定实验。例如进行光滑管的阻力测定实验，将对应的进口阀打开，调节阀门开度由小到大改变流量，待流量稳定后读取有关数据，主要包括流量 Q、测量段压差 Δp 及流体温度 T，共作 8～10 组实验数据。

(5)选择其他管路，重复步骤 4 的内容，对其他管路进行相应的实验。

(6)实验结束后，关闭水泵和仪表电源，清理装置。

五、注意事项

(1)每次测定数据时，必须等流动达到稳定后方可记录数据。

(2)由于几根并联管道共用同一流量计，所以实验中只能逐根测定。当进行管道切换时，一定要先打开待测管道的阀门，再关闭当前测量管道的阀门。

六、实验报告

(1)根据实验结果，在双对数坐标纸上绘出层流时的 λ-Re 曲线。

(2)根据实验结果，在双对数坐标纸上分别绘出光滑管和粗糙管湍流时的 λ-Re 曲线。

(3)根据实验结果计算局部阻力系数 ξ。

七、思考题

(1)为什么测定实验数据前首先要赶净设备和测压管中的空气？怎样赶气？

(2)在不同设备(包括相对粗糙度相同而管径不同)、不同温度下测定的 λ-Re 数据，能否关联在同一条曲线上？

(3)以水为工作流体所测得的关系能否适应于其他种类的牛顿型流体？为什么？

(4)测出的直管摩擦阻力与设备的放置状态有关吗？为什么？

编写人:张秀玲

验证人:刘爱珍

实验四　流量计的校正

一、实验目的

(1)熟悉节流式流量计的构造、工作原理及其安装和使用方法。

(2)掌握流量计的校正方法。

(3)通过孔板(或文丘里)流量计孔流系数的测定,了解孔流系数的变化规律。

二、实验原理

1.流量计校正的应用

工厂生产的流量计大都是按标准规范制造的。流量计出厂前一般都在标准状况下(101.325 kPa,20℃)以水或空气为介质进行标定,给出流量曲线或者按规定的流量计计算公式给出指定的流量系数,或将流量直接刻在显示仪表刻度盘上。在以下情况下需要对流量计校正:①如果用户遗失出厂的流量曲线,或被测流体的密度与工厂标定时所用流体不同;②流量计经长期使用而磨损;③自制的非标准流量计。

2.流量计校正的方法

流量计的校正方法有体积法、称重法和基准流量计法。体积法或称重法是通过测量一定时间间隔内排出的流体体积量或质量来实现的,而基准流量计法则是用一个已被事先校正过且精度级较高的流量计作为被校流量计的比较基准。流量计标定的精度取决于测量体积的容器、称重的称、测量时间的仪表或基准流量计的精度。以上各个测量仪的精度组成了整个校正系统的精度,亦即被测流量计的精度。由此可知,若采用基准流量计法校正流量,欲提高被校正流量计的精度,必须选用精度更高的流量计,如0.5级的涡轮流量计(小于2 $m^3 \cdot h^{-1}$流量时),可用精度1.0级转子流量计。

3.实验原理

节流式流量计是一类典型的差压式流量计,是根据流体通过节流元件产生的压差来确定流体的速度。常用的有孔板流量计、文丘里流量计以及喷嘴流量计等。本实验以孔板流量计和文丘里流量计作为校正对象,通过测定节流元件前后的压差及相应的流量来确定流量系数,同时测定流量系数与流量(雷诺数 Re)的关系。

本实验所用孔板流量计的构造如图 3-5 所示。当流体经小孔流出后,发生收缩,形成一缩脉(即流动截面最小处),此时流速最大,因而静压强相应降低。设流体为理想流体,无阻力损失,在图中截面 I 和截面 II 之间列柏努利方程,得

$$\frac{u_2^2 - u_1^2}{2} = \frac{p_1 - p_2}{\rho}$$

或

$$\sqrt{u_2^2 - u_1^2} = \sqrt{\frac{2\Delta p}{\rho}} \tag{3-11}$$

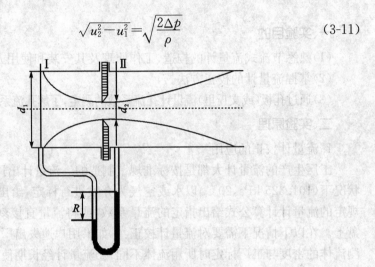

图 3-5   孔板流量计的构造原理

由于式(3-11)未考虑阻力损失,而且缩脉处的截面积 A_2 常难于知道,但孔板孔径的面积 A_0 已知,因此上式中的 u_2 可用孔口速度 u_0 来代替。同时,两测压孔的位置也不在截面 I 和截面 II 处,所以用校正系数 C 来校正上述各因素的影响,则式(3-11)变为

$$\sqrt{u_0^2 - u_1^2} = C\sqrt{\frac{2\Delta p}{\rho}} \tag{3-12}$$

对于不可压缩流体,将 $u_1 = u_0 \dfrac{A_0}{A_1}$ 代入,整理后可得

$$u_0 = \frac{C\sqrt{\dfrac{2\Delta p}{\rho}}}{\sqrt{1 - \left(\dfrac{A_0}{A_1}\right)^2}} \tag{3-13}$$

令

$$C_0 = \frac{C}{\sqrt{1 - \left(\frac{A_0}{A_1}\right)^2}} \tag{3-14}$$

又孔板前后的压力降用 U 形压差计测量,即

$$\Delta p = (\rho_0 - \rho)gR \tag{3-15}$$

得

$$u_0 = C_0 \sqrt{\frac{2(\rho_0 - \rho)gR}{\rho}} \tag{3-16}$$

根据 u_0 和孔口截面积 A_0 即可求得流体的体积流量

$$V_s = u_0 A_0 = C_0 A_0 \sqrt{\frac{2(\rho_0 - \rho)gR}{\rho}} \tag{3-17}$$

流量系数(孔流系数)C_0 的引入简化了流量计的计算。但影响 C_0 的因素很多,如管道流动的雷诺数 Re_d、孔口面积和管道面积比、测压方式、孔口形状及加工光洁度、孔口厚度和管壁粗糙度等,因此只能通过实验测定。对于测压方式、结构尺寸、加工状况等均已规定的标准孔板,流量系数 C_0 可以表示为

$$C_0 = f\left(Re_d, \frac{A_0}{A_1}\right) \tag{3-18}$$

上式中 Re_d 是以管径 d 计算的雷诺数,即

$$Re_d = \frac{du_1\rho}{\mu} \tag{3-19}$$

孔板流量计是一种易于制造、结构简单的测量装置,因此使用广泛,但其主要缺点是能量损失大,用 U 管压差计可以测得这个损失(永久压强损失)。为了减少能量损耗可采用文丘里流量计,如图 3-6 所示。其操作原理与孔板流量计相同,但采用渐缩与渐扩结构以减少涡流损失,故能量损耗很小。

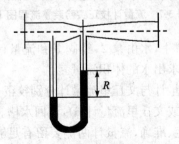

图 3-6　文丘里流量计构造原理

文丘里流量计的流量计算公式如下：

$$V_s = C_v A_0 \sqrt{\frac{2(\rho_0 - \rho)gR}{\rho}}$$ （3-20）

式中，C_v 为文丘里流量计的流量系数。

实验中当 Re_d 超过某个数值后，流量系数 C_0（C_v）接近于常数。通过实验确定 C_0（C_v）与 Re_d 的关系曲线或是以实际流量和压差计读数直接绘成曲线，即为流量计校正。

三、实验装置与流程

（1）实验装置：流量计的校正实验装置比较多，各实验装置不尽相同。例如，有的用体积法进行校正，有的则用基准流量计法进行校正；有的对孔板流量计和文丘里流量计同时校正，有的则对两种流量计分别校正；有的利用高位槽，有的则利用离心泵。典型的实验装置示意图分别如图 3-7 和图 3-8 所示。

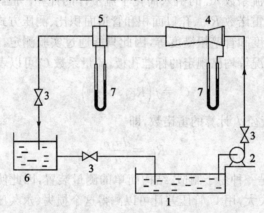

1—水槽；2—水泵；3—阀门；4—文丘里流量计；
5—孔板流量计；6—计量槽；7—U 管压差计

图 3-7　流量计校正实验装置流程图 I

（2）实验流程：对装置 I，水由泵 2，经阀 3 和流量计 4,5，流回计量槽 6，通过计量槽体积及秒表，可求出水的体积流量。

装置 II，则对孔板流量计与文丘里流量计分别校正。水由泵 2，经阀 3、转子流量计 4、孔板流量计 5（或文丘里流量计 6），流回水槽。

为了保证测量时稳定、准确，流量计两侧要留有足够长度的直管段，以消除流体流经弯头、阀门等管件产生的局部阻力对孔流系数测量的影响。一般流量计上游直管段长为（30～50）$d_内$，下游段为（5～8）$d_内$。

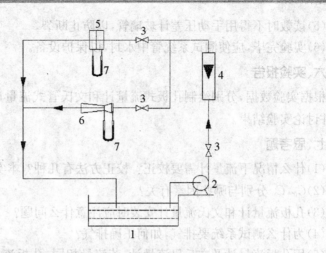

1—水槽；2—水泵；3—阀门；4—转子流量计；

5—孔板流量计；6—文丘里流量计；7— U 管压差计

图 3-8　流量计校正实验装置流程图Ⅱ

为了保证在大流量和小流量测定时，实验数据稳定、准确，测压系统可采用压差计并联。在小流量时压差计的工作介质可用 CCl_4，大流量时可采用水银。

四、实验步骤

(1)熟悉实验装置与流程，了解各阀门的位置及作用，检查压差计接头是否正常。

(2)关闭水泵的出口阀，启动泵，缓慢打开流量阀门。

(3)为保证测试系统的稳定流动及密度对实验结果的影响，检查并驱赶系统和压差计中的气泡。

(4)用泵出口阀调节流量(对于实验装置Ⅱ先确定测量顺序)，使孔板流量计(文丘里流量计)压差示数在最大和最小示数范围内由小到大均匀取 8～10 个点，读取并记录各压差计相应的数据，同时测量各流量水温用于计算密度。

(5)关闭泵出口阀，检查压差计指示液面是否相等。若不等，应分析原因，并考虑是否重做；若相等，则停泵，清理现场。

五、注意事项

(1)开启泵合电闸时要迅速，严禁电机缺相运转。

(2)测试系统应保持稳定的流动状态。

(3)测流量与压差计读数尽量同步进行。

(4)测压管中不得有气泡。

(5)读数时不得用手动压差计玻璃管,以防止断裂。

(6)实验完毕,应使测试系统管中水封,以保护设备。

六、实验报告

根据实验数据,分别绘制孔板式流量计和文氏管式流量计的 $C_0(C_v)$-Re 曲线,并讨论实验结果。

七、思考题

(1)什么情况下流量计需要校正? 校正方法有几种? 本实验是用哪一种?

(2)C_0,C_v 分别与哪些因素有关?

(3)孔板流量计和文氏流量计安装时应注意什么问题?

(4)为什么测试系统要排气,如何正确排气?

(5)用孔板流量计及文丘里流量计,若流量相同,孔板流量计所测压差与文丘里流量计所测压差哪一个大? 为什么?

(6)标绘 $C_0(C_v)$-Re 时选择什么样的坐标纸? 你从所标绘的曲线得出什么结论?

编写人:刘　敏

验证人:魏新庭

实验五　离心泵特性曲线的测定

一、单台离心泵特性曲线的测定

(一)实验目的

(1)了解离心泵的结构与特性,熟悉离心泵的使用。

(2)测定单级离心泵在一定转速下的特性曲线。

(3)测定单级离心泵出口阀门开启度一定时的管路特性曲线。

(4)了解离心泵的工作点与流量调节。

(二)实验原理

1. 离心泵特性曲线

离心泵是应用最广泛的一种液体输送设备。它的主要特性参数包括流量 Q、扬程 He、功率 N 和效率 η,这些参数之间存在着一定的关系。离心泵的特性曲线是表示泵的扬程 He、轴功率 N 及效率 η 与泵的流量 Q 之间的关系曲线,是选择和使用离心泵的重要依据之一,是流体在泵内流动规律的宏观表现形式。由于泵内部流动情况复杂,不能用数学方法计算这一特性曲线,只能依靠实验测定。通常离心泵的特性曲线是对特定的离心泵在固定转速于常压下用 20℃ 的清水实验得到的。

(1)流量 Q 的测定:在离心泵的转速一定时,通过离心泵的出口阀门的开启度调节流量,管路中流过的液体量利用涡轮流量计和积算频率仪确定或用差压式流量计读出压差来确定流体流量。

(2)扬程 He 的测定:

根据离心泵进、出口管上安装的真空表和压力表的读数即可计算出扬程:

$$He = \frac{p_2 - p_1}{\rho g} + Z_2 - Z_1 + \frac{u_2^2 - u_1^2}{2g} = H_压 + H_真 + h_0 + \frac{u_2^2 - u_1^2}{2g} \tag{3-21}$$

式中,$H_压$,$H_真$ 为压力表和真空表测得的读数,m 液柱;h_0 为压力表与真空表表心的垂直距离,m;u_1,u_2 分别为泵进、出口的流速,m·s^{-1}。

(3)轴功率 N 的测量:由三相功率表直接测定电机输出功率 $N(kW)$。

(4)效率 η 的测定:泵的效率 η 是泵的有效功率 N_e 与轴功率 N 的比值。有效功率 N_e 是单位时间内流体自泵获得的能量,而轴功率 N 是指泵轴所需的功率,当泵直接由电机带动时,它即是电机传给泵轴的功率。

泵的效率 η 为

$$\eta = \frac{N_e}{N} \tag{3-22}$$

泵的有效功率 N_e 可用下式计算:

$$N_e = HeQ\rho g \tag{3-23}$$

式中,N_e 为泵的有效功率,W;Q 为流量,m^3·s^{-1};He 为扬程,m;ρ 为流体密度,kg·m^{-3};g 为重力加速度,m·s^{-2}。

在实验中,如测定的是电机的输入功率,则求得的效率为包括电机效率和传动效率在内的总效率:

$$\eta_总 = \frac{N_e}{N_{电机}} \tag{3-24}$$

总效率 $\eta_总$ 与泵效率 $\eta_泵$ 存在如下关系:

$$\eta_总 = \eta_{电机} \eta_{传动} \eta_泵 \tag{3-25}$$

2.管路特性曲线

当离心泵安装在特定的管路系统中工作时,实际的工作压头和流量不仅与离心泵本身的性能有关,还与管路特性有关,也就是在液体输送过程中,离心泵和管路两者是相互制约的。

对一特定的管路系统,若贮槽与受液槽的截面都很大时,通过列伯努利方程可导出:

$$He = K + BQ^2 \tag{3-26}$$

其中,He 为管路所需的压头,m;Q 为管路系统输送的流量,$m^3 \cdot s^{-1}$(注意应与泵特性曲线中的 Q 的单位一致)。

操作条件一定时,K 和 B 均为常数:

$$K = \Delta Z + \frac{\Delta p}{\rho g} \tag{3-27}$$

$$B = (\lambda \frac{l + \sum l_e}{d} + \sum \xi) \frac{1}{2g(3600A)^2} \tag{3-28}$$

式中,A 为管道截面积,m^2;d 为管道直径,m;l 为管道长度,m;l_e 为局部阻力的当量长度,m;ξ 为局部阻力系数;ΔZ 为位能差,m;Δp 为管路输送流体的压力差,Pa。

从上式看出,在特定的管路中输送液体时,管路所需的压头 He 随被输送流体的流量 Q 的平方而变(湍流状态),该关系标在相应坐标纸上,即为管路特性曲线。该线的形状取决于系数 K 和 B,即由管路布局与操作条件确定,与离心泵的性能无关。

3. 管路特性曲线的测定及工作点的调节

离心泵总是安装在一定的管路上工作,离心泵提供的压头与流量必须与管路所需的压头和流量一致。若将离心泵的特性曲线与管路特性曲线绘在同一坐标图上,两曲线交点即为离心泵在该管路的工作点。当生产任务发生变化,或已选好的离心泵在特定管路中运转所提供的流量不符合要求时,都需要对离心泵的工作点进行调节。由于泵的工作点由泵的特性曲线和管路特性曲线所决定,因此改变两种特性曲线之一均能达到调节流量的目的。

如前所述,通过改变出口阀门开启度来改变管路特性曲线,可求出离心泵的特性曲线。同样,也可以通过改变离心泵转速来改变泵的特性曲线,从而得出管路特性曲线。该过程即是离心泵的流量调节及工作点的转移过程。

对特定的管路系统,操作条件一定时,K 与 B 为定值,当固定阀门的开度时,通过改变供电电源频率,使相应电机转速变化,系统流量改变,可以测定管路的特性曲线。具体测定时,固定出口阀门的某一开启度不变(此时管路特性曲线一定),改变离心泵的转速,测定各转速下的流量,记录压力表、真空表及功率表的读数,计算离心泵的扬程 He 即为管路所需的压头,从而作出管路特性曲线。

4. 离心泵气蚀现象

离心泵的安装高度应小于最大允许安装高度,才能确保泵正常工作,不发生气蚀。离心泵在产生气蚀时将发出噪音,泵体振动,流量不能再增大,压头和效率都明显下降,以致无法继续工作。本实验通过关小泵进口阀,增大泵吸入管阻力,使泵发生气蚀。

（三）实验装置与流程

（1）实验装置:主要由水箱、离心泵、涡轮流量计或孔板流量计、泵进口真空表、泵出口压力表及控制阀组成,如图 3-9 所示。

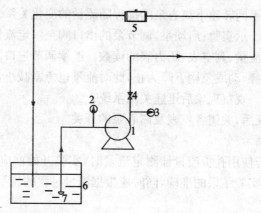

1—离心泵;2—真空表;3—压力表;4—出口阀;5—孔板或涡轮流量计;6—水槽;7—底阀

图 3-9　离心泵特性曲线实验装置流程图

（2）实验流程:水由水箱自泵的吸入口进入离心泵,在泵壳内获得能量后,由出口排出,通过孔板流量计或涡轮流量计计量后,返回水箱,循环使用。实验过程中,需要测定流体的流量、离心泵进口和出口的压力、电机的功率。为了便于查取物性参数,还需要测定水的温度。

（四）实验步骤

（1）熟悉实验设备、流程及各仪表的操作方法。

（2）打开离心泵的排气阀及充水阀,向泵体内灌水,直至灌满水且泵体内空气排净。然后关闭排气阀和充水阀。

（3）关闭离心泵的出口阀。

（4）接通电源,打开各种仪表开关及变频器开关。

（5）启动离心泵,然后开启离心泵的出口阀门,并将离心泵的转速调至某一数值（如变频器为 50 Hz）。

（6）离心泵某一转速下泵的特性曲线的测定:利用离心泵的出口阀调节流量,流量从大到小取 12～15 个测量点（根据离心泵最大流量对应的压差大致均匀分割）,等系统稳定后,记录各流量（包括流量为零时）及该流量下的压力表、真空表、功率表及转速的读数。

(7)管路特性曲线的测定:固定离心泵出口阀门的某一开启度,将转速改变(变频器或变速表按 50 Hz,46 Hz,42 Hz 等依次调节),测定各转速时的流量、压力表、真空表和功率表的读数。

(8)测定不同转速下离心泵扬程与流量的关系曲线:首先固定离心泵电机频率,通过调节流量调节阀的开度,测定该转速下离心泵扬程与流量的关系。再改变电机的频率,调节流量调节阀的开度,测定此转速下的离心泵的扬程与流量的关系,就可以得到不同转速下离心泵的扬程随流量的变化关系。

(9)气蚀现象演示实验:启动泵,调节泵的出口阀至一定流量,慢慢关闭泵的进口阀,同时观察流量、真空表、压力表的读数。继续调节进口阀门,直至观察到压力表的指针发生颤动或急剧下降为止,此时流量也急剧减小,甚至直到流量为零,即发生了气蚀。观察现象后迅速关闭系统。

(10)实验结束后,关闭各仪表及离心泵的开关。

（五）注意事项

实验过程中若使用孔板流量计测定流量时,实验开始前应首先对测压系统进行排气,以保证实验结果的准确,同时应根据测量过程的流量大小选择合适的指示剂。

（六）实验报告

(1)在同一张坐标纸上画出一定转速下的 $He-Q$、$N-Q$、ηQ 曲线。

(2)在上述坐标纸上画出某一阀门开启度下管路特性曲线,并标出工作点。

(3)在同一张坐标纸上画出不同转速下离心泵的特性曲线及相应的管路的特性曲线,并标出工作点。

(4)分析实验结果,判断离心泵较为适宜的工作范围。

（七）思考题

(1)离心泵在启动时为什么要关闭出口阀门?

(2)启动离心泵之前为什么要引水灌泵? 如果灌泵后依然启动不起来,你认为可能的原因是什么?

(3)用泵的出口阀门调节流量的方法有什么优缺点? 调节流量的方法还有哪些?

(4)泵启动后,出口阀如果打不开,压力表读数会如何变化? 为什么?

(5)正常工作的离心泵,在其进口管路上安装阀门是否合理? 为什么?

(6)随着流量的变化,泵的出口压力表及入口真空表读数如何变化? 为什么?

(7)什么情况下离心泵会出现"气蚀"现象?

(8)有人认为离心泵入口处总是负压,一定要安装真空表,这种说法对吗?

（9）离心泵的允许吸上高度与安装高度有何区别？

二、离心泵串联及并联操作特性曲线的测定

（一）实验目的

（1）掌握离心泵串、并联管路连接的方式。

（2）测定离心泵串联及并联时的总特性曲线。

（二）基本原理

1. 离心泵的并联

当用单泵不能满足工作需要的流量时，可采用两台泵（或两台以上）的并联工作方式，如图 3-10 所示。将泵 I 和泵 II 并联后，在同一扬程（压头）下，其流量 Q 即两台泵的流量之和，$Q_并 = Q_I + Q_{II}$。并联后的系统特性曲线，就是在各相同扬程下，将两台泵特性曲线$(Q\text{-}H)_I$ 和$(Q\text{-}H)_{II}$ 上对应的流量相加，得到并联后的各相应合成流量 $Q_并$，最后绘出$(Q\text{-}H)_并$，曲线，在$(Q\text{-}H)_并$ 曲线上任一点 M，其相应的流量 Q_M 是具有相同扬程的两台泵相应流量 Q_I 和 Q_{II} 之和，即 $Q_M = Q_I + Q_{II}$。

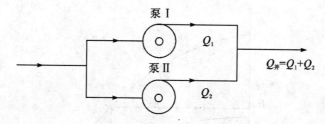

图 3-10　泵的并联工作

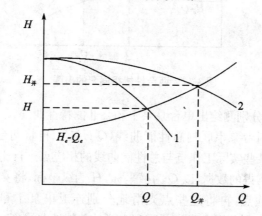

图 3-11　两台性能相同泵的并联

两台同型号、同性能泵的并联，其特性曲线如图 3-11 所示。因$(Q\text{-}H)_I$ 和

$(Q\text{-}H)_{II}$ 特性曲线相同,在图上彼此重合(图 3-11 中曲线 1),并联后的总特性曲线为 $(Q\text{-}H)_{并}$(图 3-11 中曲线 2)。实验时,可分别测出单台泵 I 和泵 II 工作时的特性曲线 $(Q\text{-}H)_{I}$ 和 $(Q\text{-}H)_{II}$,把它们合成为两台泵并联的总性能曲线 $(Q\text{-}H)_{并}$。再将两台泵并联运行,测出并联工况下的某些实际工作点与总性能曲线上相应点进行比较。

2.离心泵的串联

当单台泵不能提供工作所需要的压头(扬程)时,可用两台泵(或两台以上)的串联方式工作。离心泵串联后,通过每台泵的流量 Q 是相同的,而总压头是两台泵的压头之和。串联后的系统总特性曲线,是在同一流量下把两台单泵对应扬程叠加起来,可得出两泵串联的相应总压头,从而绘制出串联系统的总特性曲线 $(Q\text{-}H)_{串}$,如图 3-12 所示(图中曲线 1 为单台泵的特性曲线,曲线 2 为两泵串联后的总特性曲线)。串联特性曲线 $(Q\text{-}H)_{串}$ 上的任一点 M 的压头 H_M,为对应于相同流量 Q_M 的两台单泵 I 和泵 II 的压头 H_I 和 H_{II} 之和,即 $H_M = H_I + H_{II}$。

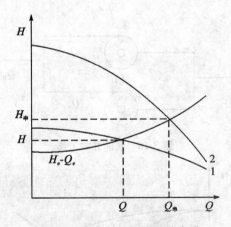

图 3-12　两台性能相同泵的串联

实验时,可以分别测绘出单台泵泵 I 和泵 II 的特性曲线 $(Q\text{-}H)_{I}$ 和 $Q\text{-}H)_{II}$,并将它们合成为两台泵串联的总性能曲线 $(Q\text{-}H)_{串}$。再将两台泵串联运行,测出串联工况下的某些实际工作点与总性能曲线的相应点进行比较。

根据实验所测得的数据,以 Q 为横坐标,H 为纵坐标,将实验数据在坐标系中绘出一系列实验点,再将这些点光滑地分别连成单泵 I 和 II 的 $(Q\text{-}H)_{I}$ 和 $(Q\text{-}H)_{II}$ 特性曲线,再分别合成为并联和串联的总特性曲线 $(Q\text{-}H)_{并}$ 和 $(Q\text{-}H)_{串}$,如图 3-13 所示。最后把并联和串联工作状况下实际测出的一些工作点在合成的总特性曲线周围标出,并进行结果对比。

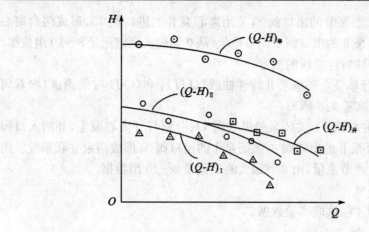

图3-13 双泵实验结果的 H-Q 图

（三）实验装置

实验所用装置流程如图3-14所示。

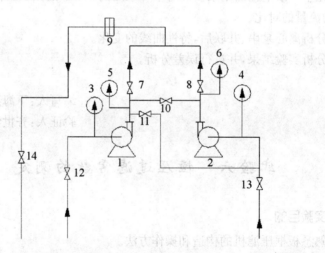

1—泵Ⅰ；2—泵Ⅱ；3,4—真空表；5,6—压力表；7,8—出口调节阀；
9—孔板或涡轮流量计；10—并联阀；11—串联阀；12,13—泵进水阀；14—出口调节阀

图3-14 离心泵双泵联合实验装置流程图

（四）实验步骤

1.离心泵串联特性曲线的测定

(1)分别进行单泵Ⅰ和单泵Ⅱ特性曲线$(Q\text{-}H)_Ⅰ$和$(Q\text{-}H)_Ⅱ$的测试(参看离心泵特曲线测定实验的步骤)。

(2)打开串联阀11,关闭并联阀10,打开离心泵Ⅰ的进口阀12,关闭泵Ⅰ的

出口阀 7;打开离心泵 Ⅱ 的出口阀 8,关闭离心泵 Ⅱ 的进口阀 13,形成两台离心泵串联系统。用泵 Ⅱ 的出口阀 8 调节流量,从 0 到最大测定记录 8～10 组数据。

2.离心泵并联特性曲线的测定

(1)分别进行单泵 Ⅰ 和单泵 Ⅱ 特性曲线 $(Q\text{-}H)_Ⅰ$ 和 $(Q\text{-}H)_Ⅱ$ 的测试(参看离心泵特曲线测定实验的步骤)。

(2)打开泵并联阀 10,关闭泵的串联阀 11;分别打开离心泵 Ⅰ,Ⅱ 的入口阀门 12 和 13,打开泵 Ⅱ 的出口阀 8,关闭泵 Ⅰ 的出口阀 7,形成两泵并联系统。用泵 Ⅱ 的出口阀 8 调节流量,由 0 到最大测定记录 8～10 组数据。

(五)注意事项

系统稳定后才能读取实验数据。

(六)实验报告

(1)在坐标纸上画出单泵及离心泵串联后的 $H_e\text{-}Q$ 的曲线,并进行单泵及双泵串联的扬程的对比。

(2)在坐标纸上画出单泵及离心泵并联后的 $H_e\text{-}Q$ 的曲线,并进行单泵及双泵并联的流量的对比。

(3)分析离心泵串、并联后,特性曲线的变化。

(4)分析实验结果,并进行误差分析。

编写人:丁海燕、刘西德
验证人:齐世学、徐守芳

实验六 恒压过滤常数的测定

一、实验目的

(1)熟悉板框压滤机的构造和操作方法。

(2)通过恒压过滤实验,验证过滤基本理论。

(3)学会测定过滤常数 K, q_e, τ_e 及压缩性指数 s 的方法。

(4)了解过滤压力对过滤速率的影响。

二、实验原理

过滤是在外力的作用下,悬浮液中的液体通过固体颗粒层(即滤渣层)及多孔介质的孔道而固体颗粒被截留下来形成滤渣层,从而实现固、液分离的一种操作过程。因此,过滤操作本质上是流体通过固体颗粒层的流动,而这个固体颗粒层(滤渣层)的厚度随着过滤的进行而不断增加,故在恒压过滤操作中,过滤速度

不断降低。

过滤速度 u 定义为单位时间单位过滤面积内通过过滤介质的滤液量。影响过滤速度的主要因素除过滤推动力(压强差)Δp、滤饼厚度 L 外,还有滤饼和悬浮液的性质、悬浮液温度、过滤介质的阻力等。

过滤时滤液流过滤渣和过滤介质的流动过程基本上处在层流流动范围内,因此,过滤速度计算式可表示为

$$u = \frac{\mathrm{d}V}{A\mathrm{d}\tau} = \frac{\mathrm{d}q}{\mathrm{d}\tau} = \frac{A\Delta p^{(1-s)}}{\mu \cdot r \cdot C(V+V_e)} \tag{3-29}$$

式中,u 为过滤速度,$\mathrm{m} \cdot \mathrm{s}^{-1}$;$V$ 为通过过滤介质的滤液量,m^3;A 为过滤面积,m^2;τ 为过滤时间,s;q 为通过单位面积过滤介质的滤液量,$\mathrm{m}^3 \cdot \mathrm{m}^{-2}$;$\Delta p$ 为过滤压力(表压),Pa;s 为滤渣压缩性系数;μ 为滤液的黏度,$\mathrm{Pa} \cdot \mathrm{s}$;$r$ 为滤渣比阻,m^{-2};C 为单位滤液体积的滤渣体积,$\mathrm{m}^3 \cdot \mathrm{m}^{-3}$;$V_e$ 为过滤介质的当量滤液体积,m^3。对于一定的悬浮液,在恒温和恒压下过滤时,μ,r,C 和 Δp 都恒定,为此令

$$K = \frac{2\Delta p^{(1-s)}}{\mu \cdot r \cdot C} \tag{3-30}$$

于是式(3-29)可改写为

$$\frac{\mathrm{d}V}{\mathrm{d}\tau} = \frac{KA^2}{2(V+V_e)} \tag{3-31}$$

式中,K 为过滤常数,由物料特性及过滤压差所决定,$\mathrm{m}^2 \cdot \mathrm{s}^{-1}$。

将式(3-31)分离变量积分,整理得

$$\int_{V_e}^{V+V_e} (V+V_e)\mathrm{d}(V+V_e) = \frac{1}{2}KA^2\int_0^\tau \mathrm{d}\tau \tag{3-32}$$

即

$$V^2 + 2VV_e = KA^2\tau \tag{3-33}$$

将式(3-32)的积分极限改为从 0 到 V_e 和从 0 到 τ_e 积分,则

$$V_e^2 = KA^2\tau_e \tag{3-34}$$

将式(3-33)和式(3-34)相加,可得

$$(V+V_e)^2 = KA^2(\tau+\tau_e) \tag{3-35}$$

式中,τ_e 为虚拟过滤时间,相当于滤出滤液量 V_e 所需时间,s。

再将式(3-35)微分,得

$$2(V+V_e)\mathrm{d}V = KA^2\mathrm{d}\tau \tag{3-36}$$

将式(3-36)写成差分形式,则

$$\frac{\Delta\tau}{\Delta q} = \frac{2}{K}\bar{q} + \frac{2}{K}q_e \tag{3-37}$$

式中,Δq 为每次测定的单位过滤面积滤液体积(在实验中一般等量分配),

$m^3 \cdot m^{-2}$；$\Delta \tau$ 为每次测定的滤液体积 Δq 所对应的时间，s；$\overline{q}$ 为相邻两个 q 值的平均值，$m^3 \cdot m^{-2}$。

以 $\Delta \tau / \Delta q$ 为纵坐标，$\overline{q}$ 为横坐标将式(3-37)标绘成一直线,可得该直线的斜率和截距,斜率为

$$S = \frac{2}{K}$$

截距为

$$I = \frac{2}{K} q_e$$

则

$$K = \frac{2}{S}$$

$$q_e = \frac{KI}{2} = \frac{I}{S}$$

$$\tau_e = \frac{q_e^2}{K} = \frac{I^2}{KS^2}$$

改变过滤压差 Δp,可测得不同的 K 值,由 K 的定义式(3-30)两边取对数得

$$\lg K = (1-s)\lg(\Delta p) + B \tag{3-38}$$

在实验压差范围内,若 B 为常数,则 $\lg K$-$\lg(\Delta p)$ 的关系在直角坐标上应是一条直线,斜率为 $(1-s)$,可得滤饼压缩性指数 s。

三、实验装置与流程

(1)实验装置 I：如图 3-15 所示,主要由空压机、配料罐、压力罐、板框过滤机等组成。

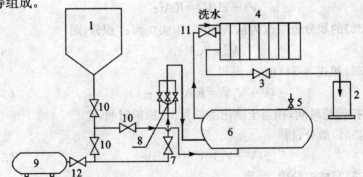

1—配料罐；2—滤液计量装置；3—滤液出口阀；4—板框；5—安全阀；6—压力罐；7—空气进口阀；8—调压阀；9—空气压缩机；10—进料阀门；11—料液进口阀；12—空压机出口阀

图 3-15　板框过滤实验装置流程示意图 I

实验流程:CaCO₃的悬浮液在配料罐内配制一定浓度后,利用压差送入压力罐中,用压缩空气加以搅拌使 CaCO₃ 不致沉降,同时利用压缩空气的压力将滤浆送入板框压滤机过滤,滤液流入滤液计量装置计量,压缩空气从压力罐上排空管中排出。

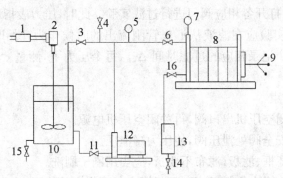

1—调速器;2—电动搅拌器;3,4,6,11,16—阀门;5,7—压力表;8—板框过滤机;9—压紧装置;10—配料桶;12—旋涡泵;13—计量桶;14,15—卸液阀

图 3-16 板框过滤实验装置流程示意图 II

(2)实验装置 II:主要由配料桶、电动搅拌器、旋涡泵、板框过滤机、阀门、压力表及压紧装置组成,如图 3-16 所示。

实验流程:CaCO₃ 的悬浮液在配料桶内配制一定浓度后(建议浓度 2‰~4‰),搅拌均匀,用供料泵 12 送至板框过滤机进行过滤,滤液流入计量桶,CaCO₃则在滤布上形成滤饼。通过管路上的旁路调节阀 3 可以调节不同的操作压力。

(3)装置参数:由具体装置给出。

四、实验步骤

装置 I:

1. 实验准备

(1)配料:在配料罐内配制含 CaCO₃ 10%~30‰(wt.%)的水悬浮液。

(2)搅拌:开启空压机,将压缩空气通入配料罐,使 CaCO₃ 悬浮液搅拌均匀。搅拌时,应将配料罐的顶盖合上。

(3)设定压力:分别打开进压力罐的三路阀门,空压机过来的压缩空气经各定值调节阀分别设定为 0.1 MPa,0.2 MPa 和 0.3 MPa。

(4)装板框:正确装好滤板、滤框及滤布。滤布使用前用水浸湿,滤布要绷紧,不能起皱。滤布紧贴滤板,密封垫贴紧滤布(注意:用螺旋压紧时,先慢慢转动手轮使板框合上,然后再压紧)。

(5)灌料:在压力罐泄压阀打开的情况下,打开配料罐和压力罐间的进料阀门,使料浆自动由配料罐流入压力罐至其视镜 1/2～1/3 处,关闭进料阀门。

2.过滤过程

(1)鼓泡:通压缩空气至压力罐,使容器内料浆不断搅拌。压力罐的排气阀应不断排气,但又不能喷浆。

(2)过滤:打开各相应阀门进行过滤实验。此时,压力表指示过滤压力。

(3)每次实验应在滤液从汇集管刚流出的时候作为开始时刻,每次 ΔV 取 800 mL 左右。记录相应的过滤时间 $\Delta \tau$。每个压力下,测量 8～10 个读数即可停止实验。

3.实验结束

(1)先关闭空压机出口阀,再关闭空压机电源。

(2)打开安全阀处泄压阀,使压力罐泄压。

(3)冲洗滤框、滤板,滤布不要折,应当用刷子刷洗。

(4)将压力罐内物料反压到配料罐内备下次实验使用,或将两罐物料直接排空后用清水冲洗。

装置Ⅱ:

(1)配料:在配料桶内配制一定浓度的 $CaCO_3$ 悬浮液,搅拌均匀。

(2)装板框:正确装好滤板、滤框及滤布。板框过滤机板、框排列顺序为固定头—非洗涤板—框—洗涤板—框—非洗涤板—可动头。用压紧装置压紧。

(3)使阀门 3 处于全开状态,阀 4,6,11 处于全关状态。启动漩涡泵 12,调节阀门 3 使压力表达到规定值。

(4)压力表稳定后,开始过滤。当计量桶内有第一滴滤液时开始计时,记录滤液增加一定高度时所用的时间。测定 6～10 组数据。

(5)待滤渣装满框时,停止过滤,卸下滤饼并清洗滤布,将滤饼与计量桶中的滤液一并放回滤浆桶内,循环使用。

(6)改变过滤压力,重复上述实验。至少做 4 组压差下的实验。

(7)实验结束,清洗滤布并用清水清洗泵及滤浆进出口管路。

五、注意事项

(1)实验过程中要注意保持压差稳定。

(2)在不同压差下进行过滤实验时,应尽量维持料浆浓度不变。

六、实验报告

(1)由恒压过滤实验数据求过滤常数 K,q_e,τ_e。

(2)比较几种压差下的 K,q_e,τ_e 值,讨论压差变化对以上参数数值的影响。

(3)在直角坐标纸上绘制 $\lg K$-$\lg \Delta p$ 关系曲线,求出 s。

七、思考题

(1)过滤速率与过滤速度有何不同?

(2)恒压过滤时,欲增加过滤速率,可行的措施有哪些?

(3)当操作压强增加一倍,其 K 值是否也增加一倍? 要得到同样的滤液,其过滤时间是否缩短了一半?

编写人:刘爱珍、丁海燕

验证人:张秀玲、张　庆

实验七　传热实验

一、实验目的

(1)掌握传热系数 K、对流传热系数 α 和导热系数 λ 的测定方法。

(2)比较保温管、裸管和汽-水套管的传热速率,并进行讨论。

(3)掌握热电偶测温方法。

二、实验原理

根据传热基本方程、牛顿冷却定律以及圆筒壁的热传导方程,已知传热设备的结构尺寸,只要测得传热速率 Q 以及各有关的温度,即可算出 K(W·m^{-2}·℃$^{-1}$),α(W·m^{-2}·℃$^{-1}$)和 λ(W·m^{-1}·℃$^{-1}$)。

(1)测定汽-水套管的总传热系数 K(W·m^{-2}·℃$^{-1}$):

$$K=\frac{Q}{A\cdot\Delta t_m} \tag{3-39}$$

式中,A 为传热面积,m^2;Δt_m 为冷、热流体的平均温度差,℃;Q 为传热速率,W。

$$Q=W_汽 r \tag{3-40}$$

式中,$W_汽$ 为冷凝液流量,kg·s^{-1};r 冷凝液潜热,J·kg^{-1}。

(2)测定裸管的自然对流传热系数 α(W·m^{-2}·℃$^{-1}$):

$$\alpha=\frac{Q}{A(t_w-t_f)} \tag{3-41}$$

式中,t_w,t_f 分别为壁温和空气温度,℃。

(3)测定保温材料的导热系数 λ(W·m^{-1}·℃$^{-1}$):

$$\lambda=\frac{Qb}{A_m(T_w-t_w)} \tag{3-42}$$

式中,T_w,t_w 分别为保温层两侧的温度,℃;b 为保温层的厚度,m;A_m 为保温层内外壁的平均面积,m^2。

三、实验装置与流程

(1)实验装置:实验装置如图 3-17 所示。主体设备为"三根管":汽-水套管、裸管和保温管。这"三根管"与蒸气发生器(锅炉)、汽包、高位槽和电位差计等组成整个测试系统。实验中采用水蒸气冷凝的方法,分别对套管换热器总传热系数 K、保温管保温材料的导热系数 λ 和裸管中管壁对空气自然对流传热系数 α 进行研究。

(2)实验流程:蒸气发生器 3 将水加热成为水蒸气后,水蒸气进入到汽包 5 中,阀 11 排除不凝气。水蒸气分别在保温管、裸管和对流传热管三根并联的紫铜管内同时冷凝,冷凝液由计量管或量筒收集,用秒表记录时间,以测定冷凝液的流量。在对流传热管中,水经过高位槽 14 由转子流量计计量后进入套管换热器环隙。三根紫铜管外情况不同:一根管外用珍珠岩保温,外管为有机玻璃管;另一根是裸管;还有一根为一套管式换热器,管外是来自高位槽的冷却水。实验中可定性观察到三个设备冷凝速率的差异,并测定 K,α 和 λ。

(3)设备主要技术数据:

1)传热管参数:由具体实验装置给出。

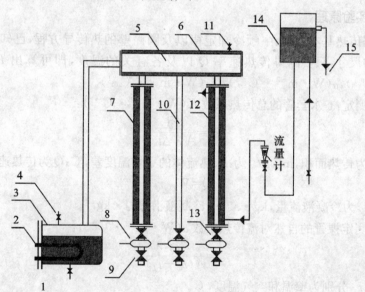

1—放水阀;2—电加热器;3—蒸气发生器;4—加水阀;5—汽包;6—保温层;7—保温管;8—收集瓶;9—放水阀;10—裸管;11—放气阀;12—套管换热器;13—截止阀;14—高位槽;15—溢流管

图 3-17　传热实验装置流程图

2)温度测量:空气、水温度及传热管壁温测量全部采用铜-康铜热电偶温度计测量,温度 $T(℃)$ 由数字仪表显示(或通过电位差计测量后计算)。

3)冷凝液的计量可采用电子天平称量或用计量桶测量。

四、实验步骤

(1)熟悉设备流程,检查各阀门的开关情况,排放汽包中的冷凝水。

(2)打开加热器进水阀,加水至液面计高度的 2/3 后关闭进水阀。

(3)将电热棒接上电源,并将调压器电压从 0 调至 200 V 待有蒸气后,将调压器的电压调至某一值(180～220 V)。

(4)有蒸气后,打开套管换热器的冷却水进口阀,调节冷却水流量为某一值(要避免冷却水流量太大,以免套管中的水蒸气进一步降温进入冷却过程)。

(5)待传热过程稳定后,分别测量汽-水套管、裸管和保温管单位时间的冷凝液量、壁温、水温及空气温度。

(6)重复进行步骤 5 多次,直至数据重复为止(或改变条件重复实验)。

(7)实验完毕后,切断加热电源,关闭冷却水阀。

五、注意事项

(1)要经常观察加热器水位使之不低于 1/2 高度。

(2)应注意系统中不凝气及冷凝水的排放情况。

(3)检查铜-康铜热电偶冷端补偿保持 0℃。

六、实验报告

根据实验结果计算 K,α,λ,并将实验结果与经验数据和文献查阅值进行比较并分析讨论。

七、思考题

(1)比较三根传热管的传热速率,说明原因。

(2)在测定总传热系数 K 时,按现实验流程,用管内冷凝液测定传热速率与用管外冷却水测定传热速率哪种方法更准确? 为什么? 如果改变流程,使蒸气走环隙、冷却水走管内,用哪种方法更准确。

(3)汽包上装有不凝气排放口和冷凝液排放口,注意两口的安装位置特点并分析其作用。

(4)由于室内空气扰动的影响,裸管自然对流传热系数 α 的实测值应比理论值高还是低?

编写人:丁海燕

验证人:张　庆

实验八　列管式换热器总传热系数的测定

一、实验目的

(1)了解列管式换热器的结构。

(2)了解影响传热系数的因素和提高传热系数的途径。

(3)掌握换热器总传热系数 K 的测定方法。

二、实验原理

在工业生产中,热交换包括间壁式换热、蓄热式换热和混合式换热。其中,间壁式换热是化工生产中两流体间常见的热交换形式,流体通过间壁的热交换经过"对流—传导—对流"三个串联步骤,即冷、热流体处于固体间壁的两侧,热量由热流体以对流给热方式传递到壁面一侧,通过间壁的导热,再由壁面另一侧以对流给热形式传递给冷流体。总传热系数 K 综合反映了传热设备性能、流动状况和流体物性对传热过程的影响,其倒数 $1/K$ 称为传热过程的总热阻。在实际进行传热计算时,通常采用实验方法,并借助于传热速率方程式和热量衡算方程式,获得较为可靠的传热系数 K,从而为换热器的设计提供依据,并可了解传热设备的性能,从而寻求提高设备生产能力的途径。

对于冷、热流体无相变传热过程,热量衡算方程式表示为

$$Q_c = W_c C_{pc}(t_2 - t_1) \qquad (3\text{-}43)$$

$$Q_h = W_h C_{ph}(T_1 - T_2) \qquad (3\text{-}44)$$

式中,Q_c,Q_h 为冷、热流体的传热速率,W;W_c,W_h 为冷热流体的质量流量,$\text{kg} \cdot \text{s}^{-1}$;$C_{pc}$,$C_{ph}$ 为冷热流体的定压比热容,$\text{J} \cdot \text{kg}^{-1} \cdot \text{℃}^{-1}$;$T_1$,$T_2$ 为热流体进、出口温度,℃;t_1,t_2 为冷流体进、出口温度,℃。

就整个热交换过程而言,总传热速率方程式为

$$Q = K_0 A_0 \Delta t_m \qquad (3\text{-}45)$$

式中,

$$A_0 = n\pi d_0 L$$

$$\Delta t_m = \varepsilon_{\Delta t} \cdot \Delta t_{m,\text{逆}}$$

$$\Delta t_{m,\text{逆}} = \frac{\Delta t_1 - \Delta t_2}{\ln \dfrac{\Delta t_1}{\Delta t_2}}$$

$$\Delta t_1 = T_1 - t_2$$

$$\Delta t_2 = T_2 - t_1$$

$$K_0 = \frac{Q}{A_0 \Delta t_m}$$

式中，K_0 为总传热系数，W；Δt_m 为传热平均温度差，℃；A_0 为以传热管外壁为基准的传热面积，m^2；ε_Δ 为传热平均温度差修正系数，与换热器的结构形式有关。

三、实验装置与流程

（1）实验装置：主要由列管换热器、空气加热器、风机等组成，如图 3-18 所示。

（2）实验流程：本实验物系为冷水-热空气系统，冷水走壳程，空气走管程。冷水自水源来，经转子流量计测量流量、温度计测量进口温度 t_1 后，进入换热器壳程，换热后在出口处测量其出口温度 t_2。热空气自风源来，经转子流量计测量流量后，进入电加热器升温至 90℃～100℃，流入换热器的管程，并在其进、出口处测量相应温度 T_1 和 T_2。

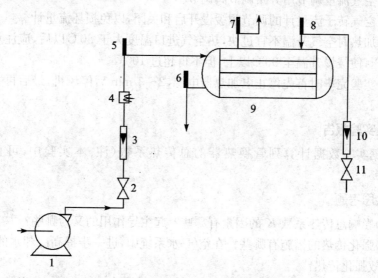

1—风机；2—调节阀；3—空气转子流量计；4—空气加热器；5—空气进口温度计；6—空气出口温度计；7—冷水出口温度计；8—冷水进口温度计；9—列管换热器；10—冷水转子流量计；11—冷水调节阀

图 3-18　列管换热器传热系数测定实验装置流程图

（3）装置的主要参数：由具体实验装置给出。

四、实验步骤

（1）熟悉设备流程及实验测试点，检查设备，做好运转操作准备。

（2）开启冷水源,由调节阀 11 调节冷流体流量。

（3）开通风源,由调节阀 2 调节空气流量,接通加热器 4 的电源,加热空气到 90℃～100℃。

（4）维持冷、热流体流量不变,热空气进出口温度在一定时间内(约 10 min)基本不变时,可记取有关数据。每个实验点测 3～4 次数据,测量间隔 3～5 min。

（5）维持冷流体(或热空气)流量不变的情况下,根据实验布点要求,改变热空气(或冷流体)流量若干次(调节时从小到大改变流量),记录有关数据。

（6）实验结束,关闭加热电源,待热空气温度降至 50℃以下,关闭冷、热流体调节阀,并关闭冷、热流体源。

五、注意事项

（1）空气流量调节、电压调节要缓慢,每测一个点,传热稳定后再读数。

（2）空气流量调节用旁路调节阀调节。

（3）空气转子流量计的调节阀缓慢开启和关闭,以免损坏流量计。

（4）加热时空气升温不宜过快,热空气进口温度大于 80℃以后,应注意调节加热电压,使缓慢升温至 90℃以上,但不得超过 100℃。

（5）实验完毕时首先停止电加热器电源,2～3 min 后停风机,最后再关闭冷却水阀门。

六、实验报告

根据实验数据计算列管换热器的总传热系数(注:本实验中,可直接取 $\varepsilon_{\Delta t}=0.95$)。

四、思考题

（1）影响总传热系数 K 的因素有哪些? 起主导作用的又为哪些?

（2）强化传热的措施有哪些? 在空气-水系统中,进一步提高冷却水的用量,能否有效强化传热?

（3）实验开始时,应先开空气加热器电源还是先开空气气源? 为什么?

（4）如何判定传热过程已达到稳定状态?

（5）分析说明总传热系数 K 接近哪一侧流体的对流传热系数?

编写人:陈艳丽

验证人:朱金红、葛尚正

实验九　强化传热综合实验

一、实验目的

(1)掌握对流传热系数 α 的测定方法,加深对其概念和影响因素的理解。通过图解法或应用线性回归分析方法,确定关联式 $Nu = ARe^m Pr^{0.4}$ 中常数 A, m 的值。

(2)通过对管程内部插有螺旋线圈的空气-水蒸气强化套管换热器或管程内部带螺纹槽的冷水-水蒸气强化套管换热器的实验研究,测定其准数关联式 $Nu = BRe^m$ 中常数 B, m 的值和强化比 Nu/Nu_0,了解强化传热的基本理论和基本方式。

二、实验原理

(1)对流传热的核心问题是求算传热膜系数 α。当流体无相变时对流传热准数关系式的一般形式为

$$Nu = ARe^m Pr^n Gr^p \tag{3-46}$$

对于强制湍流而言,Gr 准数可忽略,即

$$Nu = ARe^m Pr^n \tag{3-47}$$

其中各准数的定义式分别为

$$Re = \frac{du\rho}{\mu}, Pr = \frac{C_p \mu}{\lambda}, Nu = \frac{\alpha d}{\lambda}$$

对于水蒸气-空气、水蒸气-冷水传热体系,实验中通过改变冷流体(空气或水)的流量,以改变 Re 的值。对于冷水-热水体系,实验中则可以通过改变热水的流量,以改变 Re 的值。根据定性温度计算对应的 Pr 值。由牛顿冷却定律,求出不同流速下的对流传热系数值,进而求得 Nu 值。

牛顿冷却定律为

$$Q = \alpha A \Delta t_m \tag{3-48}$$

式中,α 为对流传热系数,$W \cdot m^{-2} \cdot \text{℃}^{-1}$;$Q$ 为传热量,W;A 为总传热面积,m^2;Δt_m 为管壁温度与管内外流体温度的平均温差,℃。

对于水蒸气-空气、水蒸气-冷水传热体系,由于蒸气在冷凝传热过程中有热损失,且不易计量,因此,传热速率以冷流体的热量衡算为基准,可由下式求得

$$Q = W_c C_{pc}(t_2 - t_1)/3\ 600 = \rho V_c C_{pc}(t_2 - t_1)/3\ 600 \tag{3-49}$$

式中,W_c 为冷流体的质量流量,$kg \cdot h^{-1}$;C_{pc} 为冷流体的定压比热容,$J \cdot kg^{-1} \cdot \text{℃}^{-1}$;$t_1, t_2$ 为冷流体进、出口温度,℃;ρ 为定性温度下流体密度,$kg \cdot$

m^{-3}；V_c 为冷流体体积流量，$m^3 \cdot h^{-1}$。

而对于冷水-热水体系，则可以用热流体向冷流体传递的热量进行计算，可由下式计算：

$$Q = W_h C_{ph}(T_1 - T_2) \qquad (3-50)$$

式中，W_h 为热流体的质量流量，$kg \cdot h^{-1}$；C_{ph} 为热流体的定压比热容，$J \cdot kg^{-1} \cdot ℃^{-1}$；$T_1$，$T_2$ 为热流体进、出口温度，$℃$。

通过图解法和最小二乘法可以计算上述准数关系式中的指数 m，n 和系数 A。

用图解法对多变量进行关联时，要对不同变量 Re 和 Pr 分别回归。本实验中，当流体被加热时，$n=0.4$；当流体被冷却时，$n=0.3$。这样，公式(3-53)即变为单变量方程，在两边取对数，得到直线方程为

$$\lg \frac{Nu}{Pr^n} = \lg A + m \lg Re \qquad (3-51)$$

在双对数坐标中作图，求出直线斜率，即为方程的指数：

$$A = \frac{Nu}{Pr^n Re^m} \qquad (3-52)$$

用图解法根据实验点确定直线位置有一定的人为性，而用最小二乘法回归，可以得到最佳关联结果。应用计算机辅助手段，对多变量方程进行一次回归，就能同时得到 A，m，n。

(2)强化传热过程，就是指提高冷热流体间的传热速率。从传热方程 $Q = KA \Delta T_m$ 可以看出，提高总传热系数 K、增大传热面积 A 和提高平均温度差 ΔT_m 都可提高传热速率。其中设法增大总传热系数 K 是强化传热的主要途径。

与其他传递过程类似，传热速率与传热推动力成正比，与传热阻力成反比。因此欲提高传热速率，关键在于减小传热过程的热阻。热边界层越薄，温度梯度越大，热阻就越小。所以可以通过改善流体的流动状况，使边界层变薄，或通过相应措施，对边界层造成更大扰动以至破坏，也是强化传热的主要途径。强化传热的方法有多种，本实验装置是采用在换热器内管插入螺旋线圈或采用螺纹槽管的方法来强化传热的。

单纯研究强化手段的强化效果(不考虑阻力的影响)，可以用强化比的概念作为评判准则，它的形式是：Nu/Nu_0，其中 Nu 是强化管的努塞尔准数，Nu_0 是普通管的努塞尔准数，显然，强化比 $Nu/Nu_0 > 1$，而且它的值越大，强化效果越好。

三、实验装置与流程

实验装置因生产厂家而异，常见的装置有以空气和水蒸气为介质进行对流换热的简单套管换热器和强化内管的套管换热器、以冷水和饱和水蒸气为介质

进行对流传热的内管为螺纹槽管的套管换热器、以冷水和热水为介质进行对流传热的套管换热器。

(1)以空气和水蒸气为介质进行对流换热的简单套管换热器和强化内管的套管换热器。实验中空气走内管,蒸气走环隙。内管为黄铜管。

1)实验装置:如图 3-19 所示。实验的主体设备为由两根一定规格的套管组成的套管换热器,其中一根内管插入螺旋线圈进行强化传热。空气进出口温度和管壁的温度采用热电偶测量,空气流量利用孔板流量计测定,孔板流量计的压差由压差传感器测得。水蒸气由蒸气发生器供给;风机采用漩涡气泵。冷空气由风机输送,经孔板流量计计量后,进入换热器内管,并与套管环隙中的水蒸气进行换热。

2)实验流程:冷空气由风机输送,空气流量大小由旁路调节阀 5 调节,由孔板流量计计量后,进入套管换热器的内管。来自蒸气发生器的蒸气进入套管的环隙,与内管的空气换热后冷凝,冷凝液由回流管返回蒸气发生器。通过测定空气的进出口温度、流量、管壁温度可分别计算 Re, Pr, Nu。

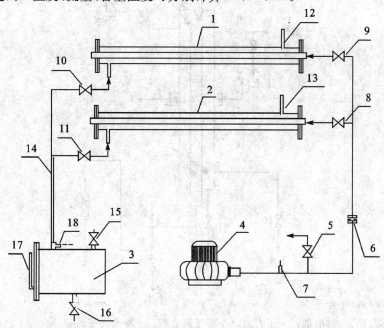

1—套管换热器;2—内插有螺旋线圈的强化套管换热器;3—蒸气发生器;4—旋涡气泵;5—旁路调节阀;6—孔板流量计;7—风机出口温度(冷流体入口温度)测试点;8,9—空气支路控制阀;10,11—蒸气支路控制阀;12,13—蒸气放空口;14—蒸气上升主管路;15—加水口;16—放水口;17—液位计;18—冷凝液回流口

图 3-19　空气-水蒸气传热实验装置流程图

（2）以冷水和饱和水蒸气为介质进行对流传热的套管换热器。实验中冷水走管内,蒸气走管间。

1）实装验置:

①实验装置的主体设备为不同规格的套管换热器,可以垂直或水平安装。内管(传热元件)是一根带螺纹槽的紫铜管,其规格由具体装置给出。

②传热物系为饱和蒸气和冷水,冷水流量用转子流量计控制调节,蒸气压力用调节阀控制。冷水的进、出口温度用 1/5℃分度值的玻璃棒式温度计测量。

③壁温通过热电偶测定并接至数字显示仪表显示。

2）实验流程:

实验流程如图 3-20 所示,现以垂直安装的装置为例。

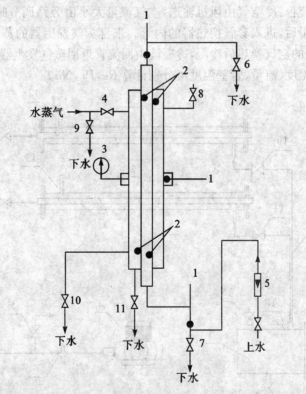

1—温度计;2—热电偶;3—压力表;4—蒸气调节阀;5—冷水转子流量计;6—水出口阀;7—换热器剩水排出阀;8—不凝气排出阀;9—蒸气管道冷凝水排出阀;10,11—冷凝水排出阀

图 3-20　水蒸气-冷水体系给热系数测定实验装置流程图

①冷水来自上水管。由冷水调节阀调节冷水流量,经冷水转子流量计计量

后,由换热器底部进入螺纹槽管。与套管间的水蒸气换热以后,从顶部经阀 6 最后排入下水道。由温度计分别测量冷水进、出口温度。由热电偶分别测量上、下端壁温。阀 7 用于排除换热器内的剩水。

②加热蒸气进入换热器套管时,经调节阀 4 调节蒸气量。由压力表与温度计指示加热蒸气的状态。经换热后,传热部分的冷凝水由阀 11 排出,热损部分的冷凝水由阀 10 排出,进入下水道。

(3)以冷水和热水为介质进行对流传热的套管换热器:

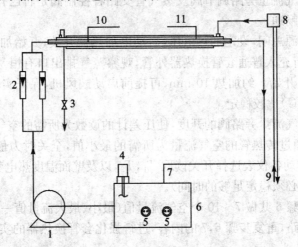

1—循环水泵;2—热水转子流量计;3—冷水出口阀;4—搅拌器;5—电加热器;6—恒温循环水槽;7—回水;8—高位稳压水槽;9—冷水进口;10,11—热电偶测温点

图 3-21　冷水-热水体系套管换热器液-液热交换实验装置流程图

1)实验装置:主要由套管热交换器、恒温循环水槽、高位稳压水槽以及一系列测量和控制仪表所组成,其中套管热交换器由黄铜管作为内管,有机玻璃管作为套管构成。套管热交换器外面再配套一根有机玻璃管作为保温管。在每个检测端面上在管内、管外和管壁内设置三支铜-康铜热电偶,并通过转换开关与数字电压表相连接,用以测量管内、管外的流体温度和管内壁的温度。装置流程如图 3-21 所示。

2)实验流程:热水由循环水泵从恒温水槽送入管内,然后经转子流量计计量后进入套管换热器的内管,换热后再返回水槽内。恒温循环水槽中用电热器补充热水在热交换器中失去的热量,并控制恒温。冷水由自来水管直接送入高位稳压水槽,再由稳压水槽流经转子流量计和套管的环隙,换热后由冷水出口阀排出。

各点的温度测量可通过转换开关依次由数字仪表显示。

四、实验步骤

(1)以空气和水蒸气为介质进行对流换热的简单套管换热器和强化内管的套管换热器：

1)熟悉实验装置及流程,弄清各部分的作用。

2)检查蒸气发生器中的水位,使其保持在水罐高度的 1/2～2/3。

3)向冰水保温瓶中加入适量的冰水,并将冷端补偿热电偶插入其中。

4)检查空气流量旁路调节阀及蒸气管支路各控制阀是否已打开,保证蒸气和空气管线的畅通。

5)接通电源总闸,设定加热电压,启动电加热器开关,开始加热。当水沸腾后,水蒸气自行充入普通套管换热器外管,观察蒸气排出口有恒量蒸气排出,标志着实验可以开始。约加热 10 min,可提前启动鼓风机,保证实验开始时空气入口温度 T_1(℃)比较稳定。

6)调节空气流量旁路阀的开度,使压差计的读数为所需的空气流量值(当旁路阀全开时,通过传热管的空气流量为所需的最小值,全关时为最大值)。稳定 5～8 min 可转动各仪表选择开关读取 T_1,T_2,以及壁面温度热电势 E 值(注意:第 1 个数据点必须稳定足够的时间)。

7)重复步骤 6 共做 7～10 个空气流量值(最小、最大流量值一定要做)。

8)转换支路,重复步骤 6,7 的内容,进行强化套管换热器的实验。测定 7～10 组实验数据。

9)实验结束,先关加热器,过 5 min 后关闭鼓风机,并将旁路阀全开,切断总电源。

(2)以冷水和饱和水蒸气为介质进行对流传热的套管换热器

1)打开冷水阀(转子流量计),使装置先通水。

2)打开蒸气入口管的排水阀,排除管道中的冷凝水。

3)缓慢打开蒸气阀门,注意调节蒸气压力,使之稳定在 0.05 MPa 左右。

4)打开换热器上方的排气阀排除套管中的不凝性气体,确认排净后将该阀关闭。

5)在水流量 300～1 000 L·h^{-1} 范围内适当布点,将流量调至某一数值,待系统稳定后测取有关数据。

6)在实验过程中密切注意控制蒸气压力和水流量的稳定,因为温度的变化要大大滞后于蒸气压力和水流量的变化。如操作条件发生波动,系统需要较长的时间才能重新达到稳定。

7)实验结束时先关闭蒸气阀,再将冷水阀关闭。

(3)以冷水和热水为介质进行对流传热的套管换热器:

1)实验前准备工作：

①向恒温循环水槽中灌入蒸馏水或软水，直至溢流管有水溢出为止。

②开启并调节通往高位稳压水槽的自来水阀门，使槽内充满水并有水稳定溢流。

③将冰碎成细粒，放入冷阱中并掺入少许蒸馏水，使之成粥状。将热电偶冷接触点插入冰水中，盖严盖子。

④将恒温水槽的温度定为 55℃，启动电热器，等温度到达后即可开始实验。

⑤实验前需要准备好热水转子流量计的流量标定曲线和热电偶分度表。

2)实验操作步骤：

①开启冷水阀门，测定冷水流量，实验过程中保持恒定。

②启动循环水泵，开启并调节热水阀门使流量在 $60 \sim 250$ L·h^{-1} 范围内选取若干流量值(一般不少于 6 组数据)进行实验测定。

③每调节一次热水流量，待流量和温度都恒定后再通过开关依次测定各点温度。

(3)实验结束，关闭电加热器，关闭冷水阀。

五、注意事项

(1)由于采用热电偶测温，所以实验前要检查冰桶中是否有冰水混合物共存；检查热电偶的冷端，是否全部浸没在冰水混合物中。

(2)对于用水蒸气为热流体的传热系统：

1)开始实验时，要检查蒸气加热釜中的水位是否在正常范围内。特别是每个实验结束后，进行下一实验之前，如果发现水位过低，应及时补给水量。

2)必须保证蒸气上升管线的畅通。进行蒸气加热时，两蒸气支路控制阀之一必须全开。在转换支路时，应先开启需要的支路阀，再关闭另一侧，且开启和关闭控制阀必须缓慢，防止管线截断或蒸气压力过大突然喷出。

3)必须保证空气管线的畅通。即在接通风机电源之前，两个空气支路控制阀之一和旁路调节阀必须全开。在转换支路时，应先关闭风机电源，然后开启和关闭控制阀。

(3)对于冷水和热水体系的传热系统：

1)开始实验时，必须先向换热器通冷水，然后再启动热水泵。停止实验时，必须先停电热器，待热交换器管内存留热水被冷却后，再停水泵并停止通冷水。

2)启动恒温水槽的电热器之前，必须先启动循环泵使水流动。

3)在启动循环泵之前，必须先将热水调节阀门关闭，待泵运行正常后，再徐徐开启调节阀。

4)调节冷水流量时，保证管内流速呈湍流状态。每改变一次热水流量，一定要等传热过程稳定之后,才能测数据,每测一组数据最好多重复几次。当流量和各点温度数值恒定后,表明过程已达稳定状态。

(4)电源线的相线、中线不能接错,实验架一定要接地。

(5)数字电压表及温度、压差的数字显示仪表的信号输入端不能"开路"。

六、实验报告

(1)在双对数坐标系中绘出 $Nu/Pr^{0.4}-Re$ 关系曲线。

(2)通过图解法或线性回归分析方法求出准数关联式中的系数和指数,整理出强制湍流时对流传热系数的半经验关联式。

(3)将实验得到的关联式与文献中的关联式进行比较并分析。

(4)确定强化传热管准数关联式 $Nu = BRe^m$ 中常数 B, m 的值和强化比 Nu/Nu_0。

(5)计算以冷水和热水为介质进行对流传热的套管换热器的总传热系数。

七、思考题

(1)实验中管壁温度接近哪侧流体的温度?为什么?

(2)管内空气流速对传热膜系数有何影响?当空气流速增大时,空气离开热交换器时的温度将升高还是降低?为什么?

(3)如果采用不同压强的蒸气进行实验,对 α 的关联式有无影响?

(4)试估计空气一侧的热阻占总热阻的百分数。

(5)以空气为介质的传热实验中雷诺数 Re 应如何计算?

(6)实验中还可采用哪些措施强化传热?

(7)在蒸气冷凝时,若存在不凝性气体,将会有什么变化?应该采取什么措施?

(8)管内热水流动速度对对流传热系数有何影响?当热水流量增大时,热水离开热交换器时的温度将升高还是降低?为什么?

(9)如果采用不同冷水流量进行实验,对 α 式的关联有没有影响?

(10)在以冷水和热水为介质进行对流传热的套管换热器的实验中,雷诺准数 Re 应如何计算?

编写人:丁海燕、刘敏、陈艳丽

验证人:张庆、李斌、朱金红、姚长滨

实验十　板式塔流体力学性能实验

一、实验目的

(1)了解筛板塔的基本结构,并观察不同结构类型的塔板上的气液接触方式、气体通过塔板的阻力、板上鼓泡情况、漏液、液沫夹带、液泛等。

(2)研究气液负荷改变,即风量和水量改变时塔板操作性能的变化规律。

(3)根据实验装置及实验条件,由学生自行拟定实验任务进行实验研究,测定塔板负荷性能图中的某一条或某几条关系曲线。

二、实验原理

板式塔是目前工业上普遍应用于气液两相流体的传质设备,既可以用于精馏也可以用于吸收。塔板是板式塔的核心部件,是气液两相进行传热与传质的重要场所。塔板上气液两相的流动状况与传热和传质过程密切相关,板式塔内气液两相的流动状况即为板式塔的流体力学性能。塔板上气液两相接触的好坏与塔板结构及气液两相的相对流动状况有关,当塔板结构一定时,塔板上气液两相的流体力学性能是板效率的主要影响因素。

本实验以空气和水为实验介质,通过改变气液两相的流量,可以观察塔板上气液两相的接触状况及气液在塔板上的持液、漏液、雾沫夹带等现象。当液体量一定时,气体的空塔气速由小到大变化,可以观察到塔板上气液两相接触时的几种操作状态即鼓泡接触状态、泡沫接触状态和喷射接触状态等。当空塔气速过低时,会出现漏液现象;而当空塔气速过高时,又会产生过量的液沫夹带;在气速和液体负荷均较大时会产生液泛等不正常操作现象。通过测定塔板压降可以确定塔板压降与空塔气速的变化关系,通过改变气液两相的流量,验证板式塔的流体力学性能。

三、实验装置与流程

(1)实验装置:主要由板式塔、水泵、风机及流量计和压差计组成。

(2)实验流程:水经水泵送入塔顶,其流量由转子流量计计量,空气由风机送入塔底,其流量由转子流量计计量。空气与水逆流接触。U管压差计用来测量全塔压降和塔板压降。倒U管压差计测量降液管底隙阻力。实验流程见图3-22。

四、实验步骤

(1)熟悉实验装置流程,了解各部分的作用。

（2）启动风机,首先测定干板阻力降与气速的关系。

（3）调节空气流量和水流量,观察板上气液两相的接触状况。正常操作时,板上泡沫液层高度适中、鼓泡均匀,表示气液接触状态良好;加大气速,观察泡沫液层变高、大量液滴被气流带走的雾沫夹带现象;继续加大气速,观察淹塔现象;逐渐减小气速,观察漏液现象。

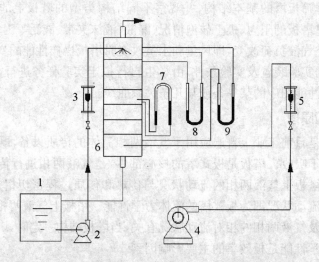

1—水箱;2—水泵;3—水转子流量计;4—风机;5—空气转子流量计;6—板式塔;7,8,9—U型管压差计。

图 3-22 板式塔流体力学性能实验装置流程图

（4）在一定的喷淋密度下,测定塔板压降与空塔气速的关系。

（5）按照拟定的实验内容,测定塔板负荷性能图中的某一条或某几条关系曲线。

五、注意事项

在启动气路前,要检查风机的旁路阀是否开启、转子流量计阀门是否关闭,以免损坏设备。

六、实验报告

（1）根据实验现象,描述气速由小到大变化时,塔板上的几种流动状态。

（2）在双对数坐标纸上作出干板压降和一定喷淋密度下塔板压降与空塔气速的关系曲线。

（3）根据测定数据考察塔板上的气液接触方式、操作状况及其变化规律,寻求适宜操作范围。了解气液负荷改变时,塔板操作性能的变化规律。

（4）根据所学板式塔流体力学性能的基本原理及实验装置的具体情况及实

验内容,确定负荷性能图中的一条或几条曲线。

七、思考题

(1)精馏塔操作中,塔釜压力为什么是一个重要操作参数? 塔釜压力与哪些因素有关?

(2)板式塔汽液两相的流动特点是什么?

(3)根据实验观察到的现象,分析各种结构塔板的流体力学性能。

编写人:丁海燕

验证人:齐世学

实验十一 填料塔流体力学性能实验

一、实验目的

(1)了解填料塔的结构及填料特性。

(2)观察填料塔内气液两相的流动情况。

(3)观察填料塔的载液及液泛现象。

(4)测定干填料及不同液体喷淋密度下的填料的阻力降与空塔气速的关系曲线,绘出 Δp 与 u 的关系曲线。

(5)测定填料的液泛速度并与文献上介绍的液泛关联式进行比较。

二、实验原理

填料塔是一种重要的气-液传质设备,其主要构件是填料。操作时,气体由下而上呈连续相通过填料层的空隙,液体则沿填料表面流下,形成相际接触界面并进行传质。

填料塔的流体力学性能主要包括气体压力降、载点气速、液泛气速、持液量、及液-气两相流体分布等特性,它和填料的形状、大小及气液两相的流量和性质等因素相关。

1. 填料的特性

(1)填料的比表面积 α:1 m^3 填料层内所含填料的几何表面积,其单位为 $m^2 \cdot m^{-3}$,比表面积数值由下式计算获得:

$$\alpha = n\alpha_0 \tag{3-53}$$

式中,α_0 为每个填料的表面积 m^2,用测量方法获得;n 为每立方米填料层的填料个数。

（2）填料空隙率 ε：又称填料的自由体积，是指 1 m³ 填料层的空隙体积，其值与填料自由截面积相一致，单位为 m³·m⁻³。干填料的空隙率可用充水法实验测定。如果已知一个填料的实际体积 V_0(m³)，亦可用下式计算空隙率：

$$\varepsilon = 1 - nV_0 \tag{3-54}$$

（3）填料因子：干填料因子是由比表面积和空隙率两个填料特性所组成的复合量 a/ε^2，单位是 m⁻¹。

当有液体喷洒在填料上时，部分空隙为液体占有，空隙率有所减少，比表面积也会发生变化，因此就产生了相应的湿填料因子 φ，简称填料因子。

2. 填料层压力降与空塔气速的关系

在逆流操作的填料塔中，当气体自下而上通过填料层时，与气体通过其他固体颗粒床层一样，其干填料的压力降 Δp 与空塔气速 u 的关系可用式 $\Delta p \propto u^n$ 表示。一般情况下，指数 $n = 1.8 \sim 2.0$，因而在双对数坐标纸上，压力降 Δp 与空塔气速 u 的关系式为一条直线，其斜率为 $1.8 \sim 2.0$，如图 3-23 所示。图中 aa 线为气体通过干填料层时，压降与气速的关系线。当有液体喷淋时，气体通过床层的压降即湿填料的压力降 Δp 除与空塔气速和填料特性有关外，还取决于喷淋密度等因素。当有喷淋量时，在一定喷淋密度下，当气速较小时（图 3-23 中 c 点以前），液体沿着填料表面的流动很少受到逆向气流的影响，持液量基本不变，压降与空塔气速的关系与干填料层的曲线几乎平行，压力降与空塔气速仍然遵守 $\Delta p \propto u^{1.8 \sim 2.0}$ 的关系。但在同样的空塔气速下，由于填料表面有液膜存在，填料中的空隙减少，故使气体在填料空隙中的实际流速较通过干填料层时要高，因此床层阻力降比无喷淋时的要高，即大于同一气速下干填料的压降（图中 3-23 中 bc 中段）。当气速增加到某一值时，由于上升气流与下降液体间的摩擦力增大，开始阻碍液体顺利下流，液体的流动受逆向气流的阻拦开始明显起来，以至于填料层内的持液量随气速的增加而增加，此种现象称为拦液（载液）现象。开始拦液时的空塔气速称为载点气速（图 3-23 中 c 点），超过载点气速后，Δp-u 关系线的斜率大于 2。进入载液区后，当空塔气速进一步增大，填料层内持液量不断增多，到达某一气速时，气液间的摩擦力完全阻止液体向下流动，填料层中出现局部积液，称为液泛（图 3-23 中 d 点）。此时，指数 n 发生明显改变，在关系式 $\Delta p \propto u^n$ 中，n 的值可达 10 左右。

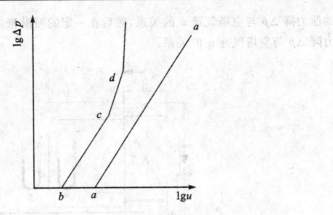

图 3-23　压降与空塔气速关系图

　　从以上分析可见,在空塔气速增加的全过程中,填料层的 Δp 不断增加。在 Δp 与空塔气速 u 的折线上存在两个转折点,下转折点称为载点,上转折点称为泛点。这两个转折点将 $\Delta p-u$ 线分为三个区段,载点以下称为恒持液区,载点至泛点之间称为拦液区,泛点以上称为液泛区。不同的喷淋密度下,在双对数坐标纸上可得到一系列接近平行的折线,随着喷淋密度的增加,填料层的载点速度与泛点速度下降。

　　填料塔的设计应保证在空塔气速低于泛点气速下操作;如果要求压降很稳定,则宜在载点气速下工作。由于载点气速难以准确地测定,通常取操作空塔气速为泛点气速的 $50\%\sim80\%$ 作为设计气速。

　　泛点气速是填料性能的重要参数,也是填料塔设计和操作的重要依据。除了用实验方法测定外,还有不少较为准确的关联式和关联图表,具体可参阅"化工原理"教材。

三、实验装置与流程

　　(1)实验装置:填料塔流体力学特性的测定,一般采用常温常压下的空气和水系统。实验装置主要由填料塔、风机、水泵,以及相应的温度、流量和压差等测量仪表组成,如图 3-24 所示。

　　实验主体设备为内径一定的有机玻璃塔,填料高度可以根据实验条件确定,内装一定规格的填料,填料种类可以更换,以便比较几种填料的性能。气体流量和液体流量用转子流量计测量。填料层的压力降用 U 形管压差计测定。

　　(2)实验流程:空气由风机输送与来自塔顶的水进行逆流接触,水和空气的流量分别由转子流量计 3 和 7 计量,填料的压降由压差计 5 和 6 测量。通过测量不同喷淋密度下填料的压降可以得到空塔气速与压降的关系。先测定干填料

的压力降 Δp 与空塔气速 u 的关系,然后在一定的喷淋密度下,测定湿填料的压力降 Δp 与空塔气速 u 的关系。

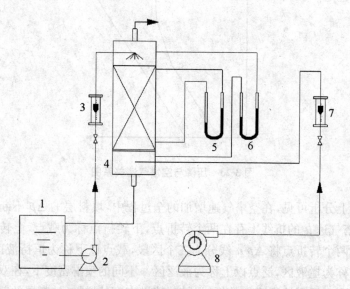

1—水箱;2—水泵;3—液体流量计;4—填料塔;5、6—压差计;7—气体流量计;8—风机。

图 3-24　填料塔流体力学性能实验装置流程图

四、实验步骤

(1)填料特性的测定:用游标卡尺分别测量某种简单填料的内、外径和高,取平均值,再用量筒量出每升填料个数,计算该填料的比表面积 α、空隙率 ε 和干填料因子。

(2)了解实验设备,熟悉流程及各部分的作用。

(3)启动风机,改变气体流量,测量不同气速下空气通过干填料的压降 Δp。

(4)启动水泵,增大水流量,对填料层进行预液泛,保证填料充分润湿。

(5)从小到大改变水流量,测定湿填料的 Δp-u 关系。

(6)实验结束,关闭水泵、风机。

五、注意事项

(1)启动风机之前,检查风机旁路阀是否开启,避免风机过载。同时检查转子流量计阀门是否关闭,防止风机启动时,流量计转子突然高速上升将流量计玻璃管打坏。

(2)在测定干填料压力降之前,注意不要开水泵,以免淋湿干填料。

(3)测定时,气体通过填料层的压力降至少应大于 82 kPa,低于此值气体在填料层中会出现不均匀分布。

(4)测定填料湿压力降时,应先对填料层进行预液泛,使填料表面充分润湿。

(5)实验接近液泛时,进塔气体的增长速度要放慢,不然图中泛点不易找到。密切观察填料表面气液接触状况,并注意填料层压降变化幅度。务必让各参数稳定后再读数据。液泛后填料层压降在几乎不变的气速下明显上升,务必要掌握这个特点。稍稍增加气量,再取一两个点就可以了,并注意不要使气速过分超过泛点,避免冲跑填料。

(6)实验结束后,要先关水泵,后关鼓风机,防止设备和管道内充水。

六、实验报告

(1)计算实验用填料的特性,如填料比表面积、空隙率等。

(2)计算干填料以及一定喷淋量下湿填料在不同空塔气速下单位填料层高度的压降,即 $\Delta p/Z$。

(3)根据实验数据,在双对数坐标系中,作出干填料及不同液体喷淋密度下的 Δp-u 关系曲线,并标出载点和泛点时的气速。

(4)将泛点数值与文献上介绍的经验式或经验图表所得值进行比较。

七、思考题

(1)比较板式塔与填料塔的性能特点。

(2)测定填料的流体力学特性有何意义?

(3)当填料阻力降很小时,为了测量准确,可以对 U 管压差计进行怎样的改进?

(4)填料塔的液泛与哪些因素有关?

(5)阐述干填料压降线和湿填料压降线的特征。

(6)根据实验所得的数据比较液泛时单位高度填料层压降和 Eckert 关联图数据是否相符,并比较实验中不同种类的填料液泛时,单位填料层压降的数值。

编写人:丁海燕

验证人:齐世学

实验十二 板式塔精馏操作与板效率的测定

一、实验目的

(1)熟悉精馏的工艺流程,掌握精馏实验的操作方法。

(2)了解板式精馏塔的结构,观察板上气液接触状况。

(3)掌握不同回流比及不同空塔气速时全塔效率及单板效率的测定。

(4)了解灵敏板的工作原理及其作用。

二、实验原理

1. 板效率

板式塔是使用量大、运用范围广的重要气液传质设备,评价塔板好坏一般根据处理量、板效率、阻力降、操作弹性和结构等因素。在板式精馏塔中,混合液的蒸气逐板上升,回流液逐板下降,气液两相在塔板上层层接触,实现传热、传质过程,从而达到分离目的。如果在某层塔板上,上升的蒸气与下降的液体处于平衡状态,则该塔板称为理论板。然而在实际操作中,由于塔板上的气液两相接触时间有限及板间返混等因素影响,使气液两相尚未达到平衡即离开塔板。一块实际塔板的分离效果达不到一块理论板的作用,因此精馏塔所需的实际板数比理论板数多。能够体现塔板性能及操作状况的主要参数为板效率,其有以下两种定义方法。

(1)总板效率 E:

$$E = \frac{N}{N_e} \tag{3-55}$$

式中,E 为总板效率;N 为理论板数(不包括塔釜);N_e 为实际板数。

(2)单板效率 E_{ml},E_{mv}:单板效率是以气相(或液相)经过实际板的组成变化值与经过理论板的组成变化值之比来表示的。

$$E_{ml} = \frac{x_{n-1} - x_n}{x_{n-1} - x_n^*} \tag{3-56}$$

$$E_{mv} = \frac{y_n - y_{n+1}}{y_n^* - y_{n+1}} \tag{3-57}$$

式中,E_{ml},E_{mv} 为以液相浓度和气相浓度表示的单板效率;x_n,x_{n-1} 为第 n 块板和第 $(n-1)$ 块板的液相浓度;y_n,y_{n+1} 为第 n 块板和第 $(n+1)$ 块板的气相浓度;x_n^*,y_n^* 为与第 n 块板气相浓度成平衡的液相浓度及与第 n 块板液相浓度成平衡的气相浓度。

总板效率与单板效率的数值通常都由实验测定。单板效率是评价塔板性能优劣的重要数据。物系性质、板型及操作负荷是影响单板效率的重要因素。当物系与板型确定后,我们可以通过改变气液负荷来达到最高的板效率;对于不同的板型,我们可以在保持相同的物系及操作条件下,测定其单板效率,以评价其性能的优劣。总板效率反应全塔各塔板的平均分离效果,常用于板式塔设计中。

2. 操作因素对板效率的影响

对精馏塔而言,所谓操作因素主要是指如何正确选择回流比、塔内蒸气速率、进料热状况等。

（1）回流比：精馏操作的一个重要控制参数。回流比数值的大小影响着精馏操作的分离效果与能耗。全回流是回流比的上限情况，既无产品采出，也无任何原料加入，塔顶的冷凝液全部返回塔中，这在生产中无任何意义。但由于此种情况下操作简单，又易于达到稳定，故常在科学研究及工业装置的开停车及排除故障时采用。最小回流比 R_{min} 是操作的下限情况，需无穷多个理论板才能达到分离要求，实际上不可能安装无限多块塔板，因此亦不能选择 R_{min} 来操作。换句话讲，在 R_{min} 下操作不能达到预定的分离要求。实际选择回流比 R 通常取 R_{min} 的 $1.1\sim2$ 倍。在精馏塔正常操作时，如果回流装置出现异常而中止回流，情况会发生明显变化，塔顶易挥发物组成下降，塔釜易挥发组分随之上升，分离情况变坏。

（2）空塔气速：空塔气速由塔内上升蒸气量和塔径决定。塔板上的气液流量是板效率的主要影响因素。在精馏塔内，液体与气体应进行错流接触，但当气速较小时，上升气量不够，部分液体会从塔板开口处直接漏下，塔板上建立不了液层，使塔板上气液两相不能充分接触；若上升气速太大，又会产生严重液沫夹带甚至于液泛，这样会减少气液两相接触时间，甚至造成塔板间的返混，进而导致塔板效率下降，严重时不能正常运行。

（3）进料热状况的影响：不同的进料热状况对精馏塔操作及分离效果会有影响，进料状况的不同直接影响塔内气液两相的流量，在精馏操作中应选择合适的进料状态。

3.灵敏板温度

灵敏板温度是指一个正常操作的精馏塔当受到某一外界因素的干扰（如 R，x_F，F，采出率等发生波动）时，全塔各板上的组成发生变化，全塔的温度分布也发生相应的变化，其中有一些板的温度对外界干扰因素的反应最灵敏，故称它们为灵敏板。灵敏板温度的变化可预示塔内的不正常现象的发生，可及时采取措施进行纠正。

4.板效率的测定方法

精馏塔塔板数的计算利用图解的方法最简便。对于二元物系，若已知其气液平衡数据，则根据馏出液的组成 x_D、料液组成 x_F、残液组成 x_W 及回流比 R，很容易求出完成分离任务所需的理论板数 N，将所得理论板数与塔中实际板数相比，即可求得总板效率。

若相邻两块塔板设有液体取样口，则可通过测定液相组成 x_{n-1} 和 x_n，并由操作线方程求得 y_n，查平衡数据得到与 y_n 成平衡的液相组 x_n^*，从而求得单板效率 E_{ml}。

三、实验装置及流程

典型的实验装置及流程如图 3-25 所示。

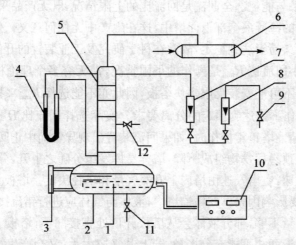

1—电热棒；2—塔釜；3—液位计；4—压差计；5—板式塔塔体；6—冷凝器；7—回流流量计；
8—采出流量计；9—塔顶采出阀；10—控制面板；11—塔釜采出阀；12—进料阀

图 3-25　精馏装置流程图

(1)实验装置:主要由板式精馏塔及相应的加热装置和冷凝装置组成。具体结构尺寸根据实验装置的具体情况确定。

(2)实验流程:塔釜内的料液由电加热器加热产生蒸气,蒸气逐板上升,经与各板上的下降液体传热和传质后,进入塔顶冷凝器,冷凝液一部分作为回流液从塔顶流入塔内,另一部分作为塔顶产品进入产品罐,釜液由塔釜采出进入釜液储罐。通过控制回流与采出的转子流量计的比例调节回流比或通过回流装置进行调节。原料液由高位槽或进料泵通过进料阀向塔内供料。

四、实验步骤

(1)熟悉精馏塔的结构及精馏流程,并了解设备各部分的作用。

(2)在原料液储罐中配制一定乙醇含量的乙醇-正丙醇或乙醇-水料液。启动进料泵,将料液打入高位槽(或直接由进料泵向塔中进料),再向塔中供料至塔釜液面保持在液面计的 2/3 左右,以免在加热时烧坏电加热器。

(3)启动塔釜加热及塔身伴热,观察塔釜、塔身、塔顶温度及塔板上的气液接触状况,发现塔板上有料液时,打开塔顶冷凝器的冷却水控制阀。

(4)测定全回流情况下的单板效率及全塔效率:在一定回流量下,全回流一段时间,待该塔操作参数稳定后,即可在塔顶、塔釜及相邻两块塔板上取样,用阿贝折射仪或气相色谱仪分析样品的组成。

（5）从小到大改变加热功率或加热电压，重复取样（3～5组），测定不同空塔气速下的全塔效率。

（6）待全回流操作稳定后，根据进料板上的浓度，调整进料液的浓度，开启进料泵，设定进料量及回流比，测定部分回流条件下的单板效率及全塔效率，通过调整釜液排出量使塔釜液面维持恒定。切记排出釜液前，一定要打开釜液冷却器的冷却水控制阀。待塔操作稳定后，在塔顶、塔釜及相邻两块塔板上取样，分析测取数据。

（7）实验完毕后，停止加料，关闭塔釜及塔身加热。待一段时间后，切断塔顶冷凝器及釜液冷却器的供水，切断电源，清理现场。

五、注意事项

（1）做实验时，要开启塔顶放空阀，以排除塔内的不凝性气体，同时保证精馏塔的常压操作。

（2）正常操作时塔板压降小于 2.4×10^4 Pa。若操作时塔板压降过高，请及时增加冷水量，并对塔釜加热量进行调节。

（3）取样必须在操作稳定时进行，并做到同时取样。

（4）取样时应选用较细的针头，以免损伤氟胶垫而漏液。

（5）操作中要维持进料量、出料量基本平衡；调节釜底残液出料量，维持釜内液面不变。

六、实验报告

（1）根据实验数据，用图解法求出理论板数，并求出不同情况下的总板效率和单板效率。

（2）求出全塔效率与空塔气速的关系。

（3）根据实际情况分析回流比对精馏操作的影响。

（4）结合精馏操作对实验结果进行分析。

七、思考题

（1）什么是全回流？全回流操作特点有哪些？在生产中有什么实际意义？

（2）塔釜加热功率变化对精馏塔的操作参数有什么影响？你认为塔釜加热量主要消耗在何处？与回流量有无关系？

（3）如何判断塔的操作已经达到稳定？

（4）板式塔气液两相的流动特点是什么？

（5）精馏塔在操作过程中，由于塔顶采出率太高而造成产品不合格，恢复正常的最快、最有效的方法是什么？

(6)什么叫"灵敏板"？塔板上的温度(或浓度)受哪些因素影响？

(7)当回流比$R<R_{min}$时,精馏塔是否还能进行操作？如何确定精馏塔的操作回流比？

(8)精馏塔的常压操作怎样实现？如果要改为加压或减压操作,又怎样实现？

(9)冷料进料与其他进料状况比较对精馏操作有什么影响？进料口位置如何确定？

(10)塔板效率受哪些因素影响？

(11)对于乙醇-水体系,本塔能否得到无水乙醇？增加塔板数能吗？

(12)试讨论精馏塔操作过程中以下情况:①由于物料不平衡而引起的不正常现象及调节方法;②分离能力不够引起的产品不合格现象及调节方法;③进料温度发生变化对操作的影响及调节方法。

编写人:刘　敏

验证人:李　斌

实验十三　填料塔精馏实验

一、实验目的

(1)观察填料塔精馏过程中气、液流动的状况。

(2)掌握实验测定填料等板高度的方法。

(3)了解填料性能评价的方法及回流比对精馏操作的影响。

(4)学习利用阿贝折射仪或气相色谱仪测定液相混合物的组成。

二、实验原理

精馏是用来分离液体混合物的一种重要单元操作。精馏的主要设备分为逐级接触式和微分接触式两大类,前者代表为板式塔,后者为填料塔。填料塔内主要的构件是填料,填料的种类繁多,可分为散装填料和规整填料两大类。散装填料有拉西环、鲍尔环、鞍形填料、阶梯环、金属鞍环填料、压延孔环等;规整填料有板波纹填料、网波纹填料等。

填料塔的传质过程十分复杂,其传质分离效果的影响因素众多,包括填料特性、气液两相接触状况及两相的物性等。填料塔的高度主要取决于填料层的高度。人们经过大量的研究,虽然提出了许多计算传质单元高度的经验关联式,但由于这些经验关联式各自的局限性,进行填料层高度计算时往往依靠直接的实验数据或选用填料种类、操作条件及分离体系相近的经验公式,以确定填料层高度。

确定填料层高度的方法有两种:

1.传质单元数和传质单元高度法

填料层高度＝传质单元高度×传质单元数

$$H = H_{OL}N_{OL} = \frac{L}{K_X aF}\int_{X_2}^{X_1} \frac{\mathrm{d}X}{X^* - X} \tag{3-58}$$

$$H = H_{OG}N_{OG} = \frac{V}{K_Y aF}\int_{Y_2}^{Y_1} \frac{\mathrm{d}Y}{Y - Y^*} \tag{3-59}$$

2.等板高度法

填料的等板高度是指气液两相经过一段填料作用后,其分离能力等于一个理论板的分离能力,这段填料的高度称为理论板当量高度,又称等板高度或当量高度,用 $HETP$ 表示。

因此由已知条件求出达到分离要求所需要的理论板数 N,然后乘以等板高度 $HETP$,就可以求出填料层高度 H:

$$H = HETP \cdot N \tag{3-60}$$

式中,H 为填料层的高度,m;$HETP$ 为填料等板高度,m;N 为理论板数。

进行填料塔设计时,若选定填料的 $HETP$ 无从查找时,可通过实验直接测定。

从理论上讲,由于填料塔内的传质是连续进行的,气液两相的组成也是呈连续变化的,而不是阶梯式变化,因此,用传质单元法计算填料层高度最为合适。工程上,传质单元法广泛应用于吸收、解吸、萃取等填料塔的设计计算。而对于精馏,基于理论级(或平衡级)的概念,习惯于用等板高度或理论级当量高度($HETP$)计算填料层高度。

填料的等板高度与填料的种类、形状和尺寸以及气液两相的物性、流速等因素有关。填料的等板高度一般在全回流操作时通过实验测定。

对于一定的物系,在全回流操作条件下进行精馏操作,待精馏操作过程稳定(塔顶、塔釜温度不变)后,从塔顶、塔釜分别取样,用阿贝折射仪(或气相色谱仪)分析样品的浓度。对于二组分混合溶液以及部分回流的精馏操作中,可利用芬斯克(Fenske)方程或在 y-x 图上画阶梯求出全回流下的理论板数。

芬斯克方程为

$$N_{\min} + 1 = \frac{\lg\left[\left(\dfrac{x_A}{x_B}\right)_D\left(\dfrac{x_B}{x_A}\right)_W\right]}{\lg\alpha_m} \tag{3-61}$$

式中,N_{min} 为全回流时的理论板数;$\left(\dfrac{x_A}{x_B}\right)_D$ 为塔顶易挥发组分与难挥发组分的摩尔比;$\left(\dfrac{x_B}{x_A}\right)_W$ 为塔釜难挥发组分与易挥发组分的摩尔比;α_m 全塔的平均相对挥发度,当 α 变化不大时,可取塔顶、塔底的几何平均值。

理论板数确定后,根据实测的填料层高度,用公式(3-62)求出填料的等板高度,即

$$填料等板高度\ HETP = \frac{实测填料层高度\ H}{理论板数\ N} \tag{3-62}$$

式中,H 为填料层高度,m;N 为所需理论板数。

三、实验装置与流程

(1)实验装置:主要由充填一定规格填料的玻璃精馏柱及相应的加热、冷却装置组成。塔釜加热采用电加热,可以通过调节加热电压或电流控制加热状况,塔顶冷却采用冷却水,通过调节转子流量计中水的流量来控制塔顶冷凝液的温度,分馏头设有回流液计量和测温装置。填料可采用不锈钢丝环和玻璃环等。物系采用乙醇-正丙醇或正庚烷-甲基环己烷理想二元混合液。

(2)实验流程:混合液在蒸馏釜内加热沸腾,上升蒸气在塔顶冷凝器内冷凝后回流至塔内,在全回流操作条件下,当塔釜及塔顶温度稳定后,分别从塔顶与塔釜取样分析其组成,测定并计算理论板数、等板高度和压强降等。当进行部分回流操作时,料液由料液罐经转子流量计进入塔内,通过分馏头的分液装置控制一定的回流比,操作稳定后分别从塔顶与塔釜取样进行分析计算。实验流程见图 3-26。

四、实验步骤

(1)熟悉实验装置及流程,弄清楚设备各部件的作用。

(2)将配制好的料液加入蒸馏烧瓶内,并加入适量沸石,以免爆沸。

(3)检查调压器和塔釜加热器之间的电路。检查塔顶冷却水的水流通道,接通水路,确保塔顶冷凝器在正常工作状态时再接通电源。

(4)调节回流比至全回流状态下,调节变压器电压在 220 V 左右或在较大加热电流进行塔釜混合液(正庚烷-甲基环己烷体积比为 1:1)加热,观察塔内气、液流动的状况,待塔内出现液泛时降低加热电压或电流至液泛消失。

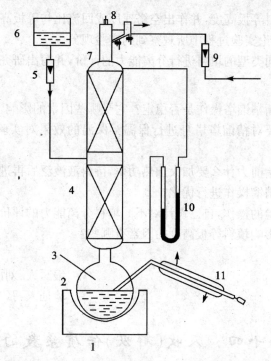

1—加热套;2—蒸馏烧瓶;3—温度计;4—填料塔;5—料液转子流量计;6—料液罐;7—分流头;8—塔顶测温装置;9—冷却水转子流量计;10—U管压差计;11—塔釜取样器

图 3-26　填料精馏柱实验装置流程图

(5)保持加热电压(或电流)在某一定值,操作条件控制在全回流状况下。当塔顶和塔釜的温度稳定后,自塔顶、塔釜取样器取出少量样品放入碘量瓶内密封保存,以防止样品的挥发。用阿贝折射仪或气相色谱分析样品的组成,取得实验数据。同时在塔顶收集一定量的冷凝液,并记录所需要的时间,测得全回流下的回流液流量。

(6)改变回流比的大小(或加热电流),重复(4),(5)内容的操作。

(7)实验结束后,将调压器调至零,切断电源,待塔釜料液的温度降至 80℃以下且无沸腾现象后,停止塔顶冷却水的供给。

五、注意事项

注意取样时应先放出取样器内的滞留料液,先取气相样品再取液相样品,以保证测量结果的准确。

六、实验报告

(1)根据实验数据计算全回流和部分回流两种情况的理论板数。

(2)计算填料等板高度,并作出空塔速度或回流比与等板高度的关系图。

(3)分析、讨论实验过程中所观察到的实验现象。

(4)对于不同类型的填料进行分离能力的评价,并写出研究报告。

七、思考题

(1)如何判断精馏塔操作是否稳定? 它受哪些因素的影响?

(2)为什么要对精馏塔塔身进行保温? 保温的效果对实验结果有何影响?为什么?

(3)实验开始前为什么要加大加热功率,待料液液泛后再进行实验的测定?

(4)如何对精馏操作进行优化?

(5)通过实验的操作,自己设计对不同填料分离能力的评价方法。

(6)试分析影响填料等板高度的因素有哪些?

编写人:刘西德、丁海燕

验证人:张　恒、齐世学

实验十四　吸收(解吸)传质系数的测定

一、实验目的

(1)了解填料吸收塔的基本结构及流程。

(2)观察填料塔流体力学状况,测定压降与空塔气速的关系曲线。

(3)掌握体积传质系数的测定方法。

(4)了解空塔气速与喷淋密度对传质系数的影响。

(5)学习溶氧仪、气相色谱仪等仪器的使用方法。

二、基本原理

吸收是工业生产上常用的操作,主要用于气体混合物的分离。在吸收操作中,气体混合物和吸收剂分别从吸收塔的塔底和塔顶进入塔内,气、液两相在塔内实现逆流接触,使气体混合物中的溶质较完全地溶解在吸收剂中,塔顶获得较纯的惰性组分,塔底得到溶质和吸收剂组成的溶液(通称富液)。当溶质有回收价值或吸收剂需循环利用时,可把富液送入再生装置进行解吸,得到溶质或再生的吸收剂(通称贫液),吸收剂返回吸收塔循环使用。

1.填料塔流体力学特性

气体通过干填料层时,流体流动引起的压降和湍流流动引起的压降规律相一致。在双对数坐标系中,此压降对气速作图可得一斜率为 1.8~2 的直线(图

3-27 中 aa 线)。当有喷淋量时,在低气速下(图 3-27 中 c 点以前)压降也正比于气速的 $1.8～2$ 次幂,但大于同一气速下干填料的压降(图 3-27 中 bc 段)。随气速的增加,出现载点(图 3-27 中 c 点),持液量开始增大,压降—气速线向上弯,斜率变陡(图 3-27 中 cd 段)。到液泛点(图 3-27 中 d 点)后,在几乎不变的气速下,压降急剧上升。

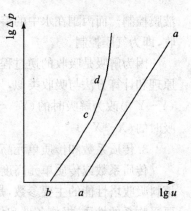

图 3-27 填料层压降与空塔气速关系图

2.吸收速率

吸收是气、液相际传质的过程,所以吸收速率可用气相内、液相内或两相间的传质速率来表示。在连续吸收操作中,这三种传质速率表达式计算结果相同。对于低浓度气体混合物单组分物理吸收过程,计算公式如下:

气相内传质的吸收速率:
$$N_A = k_y(y - y_i) = k_G(p - p_i) \tag{3-63}$$
液相内传质的吸收速率:
$$N_A = k_x(x_i - x) = k_L(c_i - c) \tag{3-64}$$
气、液两相相际传质的吸收速率:
$$N_A = K_Y(Y - Y^*) = K_X(X^* - X) = K_G(p - p^*) = K_L(c^* - c)$$
$$\tag{3-65}$$

式中,y, y_i 为气相主体和气相界面处的溶质摩尔分数;p, p_i 为气相主体和气相界面处的溶质分压;x, x_i 为液相主体和液相界面处的溶质摩尔分数;c, c_i 为液相主体和液相界面处的溶质浓度;X, Y 为液相主体和气相主体的溶质摩尔比浓度;X^*, Y^* 为与气相浓度 Y 和液相浓度 X 成平衡的液相和气相摩尔比浓度;p^* 为与液相主体浓度 c 成平衡的气相分压;c^* 为与气相分压 p 成平衡的液相浓度;k_x, K_X 为以液相摩尔分数差和液相摩尔比浓度差为推动力的液相分传质系数和总传质系数;k_y, K_Y 为以气相摩尔分数差和气相摩尔比浓度差为推动力的气相分传质系数和总传质系数;k_G, K_G 为以气相分压差为推动力的气相分传质系数和总传质系数;k_L, K_L 为以液相浓度差为推动力的液相分传质系数和总传质系数。

常见的吸收解吸实验体系主要有用空气解吸富氧水的解吸实验过程、用水吸收空气中的 CO_2 组分的吸收过程、用水吸收丙酮的吸收过程。

由于 O_2 和 CO_2 在水中的溶解度很小,属于难溶溶质的吸收过程,因此属于液膜控制。而丙酮在水中的溶解度较大,水吸收丙酮的过程属于易溶气体的吸收,即为气膜控制。

因为解吸是吸收的逆过程,因此对于用空气解吸富氧水的解吸实验过程,其原理和计算方法与吸收类似,只是传质速率方程中的气相推动力要从吸收时的$(Y-Y^*)$改为解吸时的(Y^*-Y),液相推动力要从吸收时的(X^*-X)改为解吸时的$(X-X^*)$。

3.传质系数和传质单元高度

传质系数或传质单元高度是反映吸收过程传质动力学性质的参数,是反映填料吸收塔性能的主要参数,是吸收塔设计计算的重要数据。其数据的大小主要受物系的性质、操作条件和传质设备结构形式及参数等各方面的影响。由于影响因素复杂,至今尚无通用的计算方法,一般都是通过实验进行测定。对于吸收过程通常测定气相总体积吸收系数或气相总传质单元高度,而对于解吸过程通常测定液相总传质系数或液相总传质单元高度。

(1)对于用空气解吸富氧水的解吸过程,常用液相摩尔分数差和液相传质系数表达的吸收速率式。由于富氧水浓度很小,可认为气液两相的平衡关系服从亨利定律,即平衡线为直线,因此可以用对数平均推动力法计算总传质单元数,则液相总传质单元高度H_{OL}和液相总体积传质系数$K_{X}a$ ($kmol \cdot m^{-3} \cdot h^{-1}$)的计算公式如下:

填料层高度Z:

$$Z = \int_0^Z dZ = \frac{L}{K_X aF} \int_{X_2}^{X_1} \frac{dX}{X^* - X} = H_{OL} \cdot N_{OL} \tag{3-66}$$

$$N_{OL} = \int_{X_2}^{X_1} \frac{dX}{X^* - X} = \frac{X_1 - X_2}{\Delta X_m} \tag{3-67}$$

$$H_{OL} = \frac{L}{K_X aF} \tag{3-68}$$

$$H_{OL} = \frac{Z}{N_{OL}} \tag{3-69}$$

$$N = L(X_1 - X_2) \tag{3-70}$$

$$K_X a = \frac{N}{V \Delta X_m} = \frac{L(X_1 - X_2)}{ZF \Delta X_m} \tag{3-71}$$

$$\Delta X_m = \frac{(X_1 - X_1^*) - (X_2 - X_2^*)}{\ln\left(\frac{X_1 - X_1^*}{X_2 - X_2^*}\right)} \tag{3-72}$$

式中,Z为填料层高度,m;H_{OL}为液相总传质单元高度,m;N_{OL}为液相总传质单元数,无因次;$K_X a$为总体积传质系数,$kmol \cdot m^{-3} \cdot h^{-1}$;$N$为传质速率,

$kmol \cdot h^{-1}$；V 为传质体积，m^3；F 为填料塔的截面积，m^2；L 为水的流量，$kmol \cdot h^{-1}$；X_1，X_2 为液相进塔(塔顶)、出塔(塔底)的溶质的摩尔比；X_1^*，X_2^* 为在填料塔进、出口温度下，与出塔和进塔气相中溶质呈平衡的液相中溶质的摩尔比。

(2)对于用水吸收二氧化碳和用水吸收丙酮的吸收过程，常用气相摩尔分数差和气相传质系数表达的吸收速率式。主要测定气相总体积传质系数 K_Y 和气相总传质单元高度 H_{OG}。

填料吸收塔的体积传质系数 K_Ya（$kmol \cdot m^{-3} \cdot h^{-1}$）的计算过程如下：

填料层高度 Z：

$$Z = \int_0^Z \mathrm{d}Z = \frac{G}{K_YaF} \int_{Y_2}^{Y_1} \frac{\mathrm{d}Y}{Y - Y^*} = H_{OG} \cdot N_{OG} \qquad (3\text{-}73)$$

其中，

$$H_{OG} = \frac{G}{K_YaF} \qquad (3\text{-}74)$$

$$N_{OG} = \int_{Y_2}^{Y_1} \frac{\mathrm{d}Y}{Y - Y^*} \qquad (3\text{-}75)$$

$$H_{OG} = \frac{Z}{N_{OG}} \qquad (3\text{-}76)$$

$$N = G(Y_1 - Y_2) = L(X_1 - X_2) \qquad (3\text{-}77)$$

如果平衡关系为直线 $Y = mX$，则 N_{OG} 可以用对数平均推动力法计算：

$$N_{OG} = \frac{Y_1 - Y_2}{\Delta Y_m} \qquad (3\text{-}78)$$

$$\Delta Y_m = \frac{(Y_1 - mX_1) - (Y_2 - mX_2)}{\ln \dfrac{(Y_1 - mX_1)}{(Y_2 - mX_2)}} \qquad (3\text{-}79)$$

纯溶剂吸收时：$X_2 = 0$

$$\Delta Y_m = \frac{(Y_1 - mX_1) - Y_2}{\ln \dfrac{Y_1 - mX_1}{Y_2}} \qquad (3\text{-}80)$$

则

$$K_Ya = \frac{N}{V \Delta Y_m} = \frac{G(Y_1 - Y_2)}{ZF \Delta Y_m} \qquad (3\text{-}81)$$

式中，H_{OG} 为气相总传质单元高度，m；N_{OG} 为气相总传质单元数，无因次；K_Ya 为气相总体积传质系数，$kmol \cdot m^{-3} \cdot h^{-1}$；$N$ 传质速率，$kmol \cdot h^{-1}$；V 传质体积，m^3；F 为填料塔的截面积，m^2；G 惰性气体的流量，$kmol \cdot h^{-1}$；L 为纯吸收剂的流量，$kmol \cdot h^{-1}$；Y_1，Y_2 为气相进塔(塔底)、出塔(塔顶)的溶质的摩尔比浓度；X_1 为出塔液相中溶质的摩尔比浓度。

混合气体流量的校正：

$$G = \left(\frac{G_{实际}}{22.4}\right)\frac{T_0}{T}\frac{p}{p_0} \tag{3-82}$$

式中，$G_{实际}$为混合气体的实际流量，$L \cdot h^{-1}$；T_0，p_0分别为理想状态时的温度、压力（即为 273 K，101.32 kPa）；T，p分别为实验操作时的温度、压力（K，kPa）。

混合气体的实际流量，一般要根据所测定的气体种类和气体的实际状态进行校正。因为气体流量计一般是在 20℃ 及 101.325 kPa 下的空气标定的，当用于测定其他流体的流量时，必须对原有的流量刻度进行校正。当转子的密度远大于气体的密度时，可用下式进行校正：

$$G_{实际} = G_{读数}\sqrt{\frac{\rho_0}{\rho'}} \tag{3-83}$$

式中，ρ_0是流量计出厂标定所用气体的密度；ρ'是实际工作时所测定气体的密度。

混合气中溶质的吸收率：

$$\eta = \frac{Y_1 - Y_2}{Y_1} \tag{3-84}$$

三、实验装置与流程

1. 空气解吸富氧水的解吸实验装置

（1）实验装置：主要由氧气钢瓶、氧气缓冲罐、装有一定规格的填料吸收塔、解吸塔、转子流量计等组成，如图 3-28 所示。

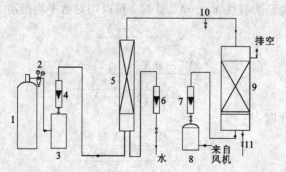

1—氧气钢瓶；2—氧气减压阀；3—氧气缓冲罐；4—氧气转子流量计；
5—吸收塔；6—水转子流量计；7—空气转子流量计；8—空气缓冲罐；
9—解吸塔；10—富氧水取样阀；11—贫氧水取样阀

图 3-28　氧气吸收与解吸实验装置流程图

（2）实验流程：氧气由氧气钢瓶供给，经氧气减压阀进入氧气缓冲罐，稳压在 0.03～0.05 MPa。为确保安全，缓冲罐上装有安全阀，当缓冲罐内压力达到 0.08 MPa 时，安全阀自动开启。氧气经调节阀调节流量后，其流量由氧气流量计计量，进入吸收塔。水由水转子流量计计量后进入吸收塔，在吸收塔内氧气与水并流接触，形成富氧水，富氧水经管道在解吸塔的顶部喷淋。空气由风机供给,经缓冲罐,由空气转子流量计计量,进入解吸塔底部,在塔内与塔顶喷淋的富氧水进行接触,解吸富氧水,解吸后的尾气由塔顶排出,贫氧水由塔底排出。

由于气体流量与气体状态有关,所以每个气体流量计前均装有压强计和温度计。为了测量填料层压降,解吸塔装有压差计。

在解吸塔入口(塔顶)设有入口富氧水取样阀,用于采集入口水样,出口水样通过塔底贫氧水取样阀取样。

水样中氧的浓度通过测氧仪测定。

2.水吸收空气中的 CO_2 组分的吸收实验装置

(1)实验装置:主要由装有一定规格填料的吸收塔和流量计组成,如图 3-29 所示。

(2)实验流程:来自水箱内的水用泵送入填料塔塔顶,经喷头喷淋在填料顶层。由压缩机送来的空气和由二氧化碳钢瓶来的二氧化碳混合后,一起进入气体中间贮罐,然后再直接进入塔底,与水在塔内进行逆流接触,进行质量和热量的交换,由塔顶出来的尾气放空。由于本实验为低浓度气体的吸收,所以热量交换可忽略,整个实验过程可看成是等温操作。塔顶、塔底混合气相的组成用气相色谱仪分析。U 形液柱压差计用以测量塔底压强和填料层的压强降。塔底和塔顶的气液相温度由热电偶测量,并通过转换开关由数字电压表显示(T_{g1},T_{L1} 表示塔底的气、液相温度;T_{g2},T_{L2} 表示塔顶的气、液相温度)。

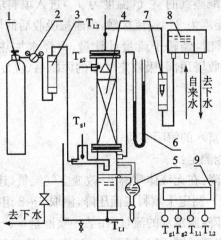

1—二氧化碳钢瓶；2—减压阀；3—二氧化碳流量计；4—填料塔；5—采样计量管；
6—压差计；7—水流量计；8—高位水槽；9—数字电压表

图 3-29　二氧化碳吸收实验装置流程图

3.水吸收丙酮的吸收实验装置

(1)实验装置:主要由填料塔、空气压缩机、转子流量计等组成,如图 3-30 所示。

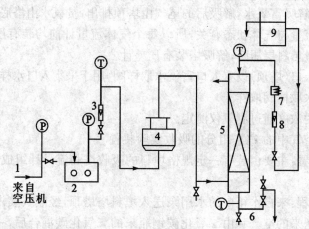

1—空气压缩机;2—气动压力定值器;3—气体转子流量计;4—鼓泡器;5—填料塔;
6—液封装置;7—电加热器;8—液体转子流量计;9—高位槽;P—压力表;T—温度计

图 3-30　丙酮吸收实验装置流程图

(2)实验流程:来自空气压缩机的空气,经压力定值器定值在一定值(0.03 MPa 左右),并经转子流量计计量后(温度为 T_1),进入鼓泡器使空气与液体丙酮鼓泡接触。带有丙酮蒸汽的空气(温度为 T_2)进入填料塔底部和自塔顶喷淋下的一定温度的水(温度为 T_3)逆流接触,丙酮被吸收后的尾气从塔顶排出。塔顶的水来自液体衡压槽,经转子流量计计量,再经水加热器加热到一定温度($10℃\sim20℃$)进入吸收塔顶部,吸收空气中的丙酮后(温度变为 T_4),流入吸收液储槽。

四、实验步骤

1. 空气解吸含氧富水的解吸实验

(1)流体力学性能测定:

1)测定干填料压降:在无液体喷淋下,改变空气流量(建议空气流量在 $12\sim$ $26~\mathrm{m^3 \cdot L^{-1}}$ 之间改变),测定干填料表面压降,测取 $6\sim8$ 组数据。

2)测定湿填料压降:固定水的流量,在某一喷淋量($60\sim160~\mathrm{L \cdot h^{-1}}$)下,通过改变空气流量,测定填料塔压降,测取 $8\sim10$ 组数据。改变水的流量,再改变空气流量,测定填料塔压降,测取 $8\sim10$ 组数据。实验接近液泛时,进塔气体的增加量不要过大,否则泛点不容易找到。要密切观察填料表面气液接触状况,并注意填料层压降的变化幅度,务必等各参数稳定后再读数据,液泛后填料层压降在几乎不变的气速下明显上升,务必要掌握这个特点,稍增加气量,再取一两个点即可。注意不要使气速过分超过泛点,避免冲跑填料。

(2)传质实验:

1)氧气减压后进入缓冲罐,罐内压力保持 $0.04\sim0.05$ MPa,不要过高。为防止水倒灌进入氧气转子流量计中,开水前要关闭防倒灌阀,或先通入氧气后通水。

2)固定水的喷淋量,改变空气流量,分别从塔顶和塔底取样,用测氧仪测定氧含量。然后固定空气流量,改变水的喷淋量,分别从塔顶和塔底取样,用测氧仪测定氧含量。(传质实验操作条件:水喷淋密度为 $10\sim15$ m³·m⁻²·h⁻¹,空塔气速为 $0.5\sim0.8$ m·s⁻¹,氧气入塔流量为 $0.01\sim0.02$ m³·h⁻¹,适当调节氧气流量,使吸收后的富氧水浓度控制在不大于 19.9 mg·L⁻¹。)

3)塔顶和塔底液相氧浓度测定:分别从塔顶与塔底取出富氧水和贫氧水,用测氧仪分析其氧的含量。

4)实验完毕,关闭氧气钢瓶总阀并检查总电源、总水阀及管路阀门,确定安全后方可离开。

2.水吸收空气中的 CO_2 组分的吸收实验

(1)检查填料塔的进气阀和进水阀,以及二氧化碳二次减压阀是否均已关严。然后,打开二氧化碳钢瓶顶上的针阀,将压力调至 0.1 MPa。同时,向高位稳压水槽注水,直至有适量水溢流而出。

(2)将水充满填料层,浸泡填料(相当于预液泛)。

(3)冷阱内加入冰水。

(4)缓慢开启进水调节阀,水流量可在 $10\sim80$ L·h⁻¹ 范围内选取。一般在此范围内选取 $5\sim6$ 个数据点。调节流量时一定要注意保持高位稳压水槽有适量溢流水流出,以保证水压稳定。

(5)缓慢开启进气调节阀。二氧化碳流量建议采用 0.2 m³·h⁻¹ 左右为宜。

(6)当操作达到稳定状态之后,测量塔顶和塔底的水温和气温以及塔顶、塔底混合气相的组成,同时测定塔底溶液中二氧化碳的含量。

(7)实验完毕,关闭电源及 CO_2 钢瓶的阀门。

3.水吸收丙酮的吸收实验

(1)了解实验装置的结构、性能及其各部件的作用。

(2)检查空气压缩机至设备的气源线及水流通路,分别将丙酮、水灌入设备的水储罐及丙酮储罐中至实验要求的体积刻度。

(3)打开电源开关及各仪表开关,然后再开启空气压缩机,并调节实验设备的压力定值器为 0.02 MPa。

(4)分别调节吸收剂水和混合气体的流量稳定在某一数值(如水的流量为

$2.0 \ L \cdot h^{-1}$,混合气体的流量为 $400 \ L \cdot h^{-1}$),待吸收传质过程稳定后(水吸收丙酮传质过程为放热过程),填料塔温度稳定时,分别记录吸收剂、混合气体的流量、温度及压力,并利用气相色谱测定进、出填料塔混合气体中溶质(即丙酮)的组成 Y_1,Y_2 和吸收液中溶质的组成。

(5)改变吸收剂和混合气体的流量,重复进行(4)的实验操作。

(6)实验结束,关闭电源及水源、气源的阀门。

五、注意事项

(1)测定干填料的压降时,塔内填料需事先吹干。而测定湿填料压降时,测定前要进行预液泛,使填料表面充分润湿。

(2)注意空气流量的调节阀要缓慢开启和关闭,以免撞破玻璃管。

(3)填料塔操作条件改变后,需要较长的稳定时间,一定要等到稳定以后方能读取有关数据。

(4)空气解吸含氧富水的解吸实验完毕后,在关闭氧气时,要先关氧气钢瓶的总阀,然后关闭氧气减压阀及氧气流量调节阀。

六、实验报告

(1)计算并确定干填料及一定喷淋量下的湿填料在不同空塔气速 u 下,与其相应的单位填料高度压降 $\Delta p/Z$ 的关系曲线,并在双对数坐标中作图,找出泛点与载点。

(2)计算实验条件下(一定喷淋量、一定空塔气速)的液相总体积传质系数 $K_X a$ 及液相总传质单元高度 H_{OL} 或气相总体积传质系数 $K_Y a$ 及气相总传质单元高度 H_{OG}。

(3)在双对数坐标纸上绘图表示气体吸收或解吸时体积传质系数、传质单元高度与气体流量的关系。

(4)在双对数坐标上绘图表示气体吸收或解吸时体积传质系数、传质单元高度与液体喷淋密度的关系。

七、思考题

(1)阐述干填料压降线和湿填料压降线的特征?

(2)工业上,吸收在低温、加压下进行,而解吸在高温、常压下进行,为什么?

(3)为什么易溶气体的吸收和解吸属于气膜控制过程,难溶气体的吸收和解吸属于液膜控制过程?

(4)填料塔结构有什么特点?

(5)为什么要引入体积传质系数 $K_X a$,它的物理意义是什么?

(6)水吸收空气中的 CO_2 组分的吸收实验中为什么塔底要有液封? 液封高

度如何计算?

(7)当气体温度和液体温度不同时,应用什么温度计算亨利系数?

(8)试归纳传质过程强化的基本思路和措施。

(9)气体钢瓶开启时应注意什么? 停止使用时应如何操作?

编写人:丁海燕、刘西德

验证人:齐世学、王风翔

实验十五 洞道干燥实验

一、实验目的

(1)了解洞道干燥装置的基本结构。

(2)学习测定物料在恒定干燥条件下干燥特性的实验方法。

(3)掌握根据实验干燥曲线求取干燥速率曲线以及恒速阶段干燥速率、临界含水量、平衡含水量的实验分析方法。

(4)实验研究干燥条件对干燥特性的影响。

二、实验原理

干燥是利用热量去湿的一种方法,它不仅涉及气、固两相间的传热和传质,而且涉及湿分以气态或液态的形式自物料内部向表面传质的机理。由于物料的含水性质和物料形状的差别,水分传递的速率大小差别很大,因此影响干燥速率的因素很多,如物料形状、含水量、含水性质、热介质的性质和设备等。目前还无法利用理论方法来计算干燥速率,因此研究干燥速率大多采用实验的方法。通过干燥实验可以得到被干燥物料在给定干燥条件下的干燥速率、临界湿含量和平衡湿含量等干燥特性数据,为设计干燥器或确定干燥器的生产能力提供技术参数。

按照干燥过程中空气状态参数是否变化,可将干燥过程分为恒定干燥条件下的操作和非恒定干燥条件下的操作。如果采用大量的空气来干燥少量的湿物料,则可以认为湿空气在干燥过程中的温度、湿度均不变,如果维持空气的流速以及空气与物料的接触方式不变,则这种操作称为恒定干燥条件下的干燥操作。干燥实验的目的是测定物料的干燥曲线和干燥速率曲线,它是在恒定的干燥条件下进行的。

1. 干燥速率的定义

干燥速率定义为单位干燥面积(提供湿分汽化的面积)、单位时间内所除去的湿分质量,即

$$U = \frac{\mathrm{d}W'}{S\mathrm{d}\tau} = -\frac{G'\mathrm{d}X}{S\mathrm{d}\tau} \approx -\frac{G'\Delta X}{S\Delta \tau} \tag{3-85}$$

式中,U 为干燥速率,又称干燥通量,$\mathrm{kg \cdot m^{-2} \cdot s^{-1}}$ 或 $\mathrm{kg \cdot m^{-2} \cdot h^{-1}}$;$S$ 为干燥表面积,$\mathrm{m^2}$;W' 为一批操作中汽化的湿分量,kg;τ 为干燥时间,s 或 h;G' 为绝干物料的质量,kg;X 为物料湿含量,kg 湿分/kg 干物料,负号表示 X 随干燥时间的增加而减少。

2.干燥速率的测定方法

在间歇干燥实验中,将湿物料试样置于恒定空气流中进行干燥,随着干燥时间的延长,湿分不断汽化,湿物料质量减少。通过记录每一时间间隔内物料的质量变化及物料的表面温度 θ,直到物料质量不变为止,也就是物料在该条件下达到干燥极限为止,此时留在物料中的水分就是该条件下的平衡水分 X^*。再将物料在烘箱内烘干到恒重为止,即得到绝干物料重 G',则物料的瞬间含水率 X 为

$$X = \frac{G - G'}{G'} \tag{3-86}$$

计算出每一时刻的瞬间含水率 X,然后将 X 对干燥时间 τ 作图,即为干燥曲线,如图 3-31 所示。

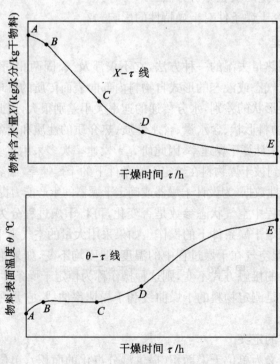

图 3-31 恒定干燥条件下的干燥曲线

通过计算每一时间间隔 $\Delta\tau$ 内,物料湿含量的变化量 ΔX,利用公式(3-85),计算出干燥速率 U,将 U 对 X 作图,就是干燥速率曲线(或者利用上述干燥曲线变换得到干燥速率曲线,由已测得的干燥曲线求出不同 X 下的斜率 $dX/d\tau$,再由式(3-85)计算得到干燥速率 U,将 U 对 X 作图,就是干燥速率曲线),如图 3-32所示。

3. 干燥过程分析

从干燥曲线与干燥速率曲线可以看出,干燥过程可以分为如下几个阶段:

(1)预热段:图 3-31,3-32 中的 AB 段。物料在预热段中,含水率略有下降,温度则升至湿球温度 t_w,干燥速率可能呈上升趋势,也可能呈下降趋势。预热段经历的时间很短,通常在干燥计算中忽略不计,有些干燥过程甚至没有预热段。

(2)恒速干燥阶段:图 3-31,3-32 中的 BC 段。此阶段内空气传给湿物料的显热恰等于水分从物料中汽化所需的汽化热,而物料表面的温度始终保持为热空气的湿球温度 t_w。由于这一阶段去除的是物料表面附着的非结合水分,汽化这种水分与汽化纯水相同,在恒定干燥条件下,由于物料表面始终保持为湿球温度 t_w,湿物料和空气间的传热速率和传质速率均保持不变,因此湿物料以恒定的速率向空气中汽化水分,因而干燥速率不变。于是,在图 3-32 中,BC 段为水平线。

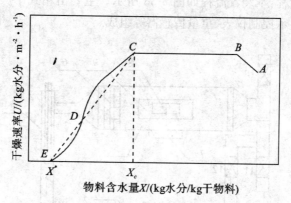

图 3-32　恒定干燥条件下的干燥速率曲线

只要物料表面保持足够湿润,物料的干燥过程中总有恒速阶段。而该段的干燥速率大小取决于物料表面水分的汽化速率,亦即决定于物料外部的干燥条件,故恒定干燥阶段又称为表面汽化控制阶段。

(3)降速干燥阶段:图 3-31,3-32 中 CDE 段。在此阶段内,干燥速率随物料含水量的减少而降低,故称为降速干燥阶段。两个干燥阶段之间的交点 C 称为临界点,与该点对应的物料含水量称为临界含水量,用 X_c 表示。当湿物料的含水量降到临界含水量 X_c 以后,便转入降速干燥阶段。此时由于水分自物料内部向表面汽化的速率赶不上物料表面水分的汽化速率,物料表面不能保持全部润湿,物料即开始升温,表面局部出现"干区"。尽管这时物料其余表面的平衡蒸气压仍与纯水的饱和蒸气压相同,传质推动力也仍为湿度差,但以物料全部外表面计算的干燥速率因"干区"的出现而降低,此时在部分表面上汽化出的是结合水分。当干燥过程进行到 D 点时,全部物料表面都不含非结合水分。从 D 点开始汽化面逐渐向物料内部移动,汽化所需的热量必须通过已被干燥的固体层才能传递到汽化面;从物料中汽化的水分也必须通过这层干燥层才能传递到空气主流中。干燥速率因热、质传递的途径加长而下降。此外,在点 D 以后,由于所汽化的是各种形式的结合水,因而,平衡蒸气压将逐渐下降,传质推动力减小,干燥速率也随之较快降低,直至到达点 E 时,速率降为零,此时物料中所含的水分即为该空气状态下的平衡水分 X^*。

与恒速阶段相比,降速阶段从物料中除去的水分量相对较少,但所需的干燥时间却较长。降速阶段的干燥速率取决于物料本身的结构、形状和尺寸,而与干燥介质状况关系不大,故降速阶段又称物料内部迁移控制阶段。

三、实验装置

(1)装置流程:本装置流程如图 3-33 所示。主要由箱式干燥器、风机、空气加热器、温度显示控制仪表、重量传感器等组成。

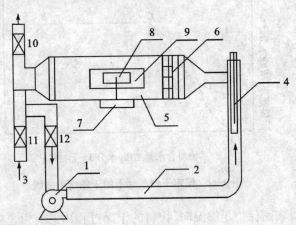

1—风机;2—管道;3—进风口;4—加热器;5—厢式干燥器;6—气流均布器;
7—称重传感器;8—湿毛毡;9—玻璃视镜门;10,11,12—蝶阀

图 3-33 洞道干燥实验装置流程图

（2）实验流程：空气由鼓风机送入电加热器，经加热的空气流入干燥室，加热干燥室料盘中的湿物料后，经排出管道通入大气中。随着干燥过程的进行，物料失去的水分量由称重传感器转化为电信号，并由智能数显仪表记录下来（或通过固定间隔时间，读取该时刻的湿物料重量）。

四、实验步骤

1. 实验前的准备工作

（1）熟悉实验装置，了解各部件的作用与操作。将被干燥物料试样进行充分浸泡。

（2）实验开始前先检查信号线与仪表控制柜是否正确连接，检查各阀门开度和仪表自检情况。

（3）将被干燥物料的空支架安装在洞道内。

（4）检查称重传感器的状态。

2. 实验步骤

（1）开启风机，将空气流量调至指定位置。

（2）打开仪表控制柜电源开关，加热器通电加热，使干燥室温度（干球温度）恒定在指定温度。

（3）当干燥室温度达到指定温度后，将湿毛毡十分小心地放置于称重传感器上或固定在支架上。

（4）实验开始后，记录一定时间间隔的物料重量，建议每 1～3 min 记录一次重量数据，每 2 min 记录一次干球温度和湿球温度。

（5）待毛毡恒重时，即为实验终了时，关闭仪表电源，注意保护称重传感器，非常小心地取下毛毡。

（6）关闭风机，切断总电源，清理实验设备。

五、注意事项

（1）必须先开风机，后开加热器，否则加热管可能会被烧坏。

（2）特别注意传感器的负荷量仅为 200 g，放取毛毡时必须十分小心，绝对不能下压，以免损坏称重传感器。

（3）实验过程中，不要拍打、碰撞装置面板，以免引起料盘晃动，影响结果。

六、实验报告

（1）绘制干燥曲线（失水量-时间关系曲线）和干燥速率曲线。

（2）计算物料的临界湿含量。

（3）对实验结果进行分析讨论。

七、思考题

(1)什么是恒定干燥条件？本实验装置中采用了哪些措施来保持干燥过程在恒定干燥条件下进行？

(2)控制恒速干燥阶段干燥速率的因素是什么？控制降速干燥阶段干燥速率的因素又是什么？

(3)为什么要先启动风机,再启动加热器？实验过程中干、湿球温度计是否变化？为什么？如何判断实验已经结束？

(4)若加大热空气流量,干燥速率曲线有何变化？恒速干燥速率、临界湿含量又如何变化？为什么？

(5)影响干燥速率的因素有哪些？如何提高干燥速率？

(6)如果气流温度不同时,干燥速率曲线有何变化？

编写人:冯尚华

验证人:张翠娟

实验十六　流化床干燥实验

一、实验目的

(1)了解流化床干燥器的结构特点。

(2)测定湿物料的干燥曲线和干燥速率曲线。

(3)了解影响干燥速度曲线的因素及测定物料干燥速率曲线的工程意义。

(4)了解流化床流化曲线的测定方法,并测定流化床床层压降与气速的关系曲线。

二、实验原理

本实验涉及的主要内容是确定特定物料的干燥曲线、干燥速率曲线以及操作气速与床层压降的关系曲线,这是流化床干燥器设计中所必需的基本数据。由于不同物料的干燥特性曲线不同,所以在进行工程设计前,一般都在小型流化床干燥器中进行物料的干燥实验,测定其干燥曲线和干燥速率曲线以及操作气速与床层压降的关系曲线,并以此为依据来确定干燥所需要的时间、流化床的床面积以及风机所需的压头。

1.流化曲线

在实验中,可以通过测量不同空气流量下的床层压降,得到流化床床层压降与气速的关系曲线,如图 3-34 所示。

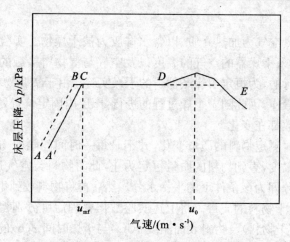

图 3-34　流化床床层压降与气速的关系曲线

当气速较小时,操作过程处于固定床阶段(AB 段),床层基本静止不动,气体只能从床层空隙中流过,压降与流速成正比,在双对数坐标中,斜率约为 1。当气速逐渐增加(进入 BC 段),床层开始膨胀,床层的空隙率增大,压降与气速的关系将不再成比例。

当气速继续增大,进入流化阶段(CD 段),固体颗粒随气体流动而悬浮运动。随气速的增加,床层高度逐渐增加,但床层压降基本保持不变。当气速增大到某一值后(D 点),床层压降减少,颗粒逐渐被气体带走,此时便进入气流输送阶段。D 点处的流速被称为带出速度。

在流化状态下降低气速,压降与气速的关系将沿图中的 DC 线返回至 C 点。若气速继续降低,曲线将无法按 CBA 继续变化,而是沿 CA′ 变化。C 点处的流速称为起始流化速度。

在生产操作中,气速应介于起始流化速度与带出速度之间,此时床层压降保持恒定,这是流化床的重要特点。据此,可以通过测定床层压降来判断床层流化的优劣。

2.干燥曲线和干燥速率曲线

干燥速率 U 定义为单位干燥面积(提供湿分汽化的面积)、单位时间内所除去的湿分质量,即

$$U = \frac{\mathrm{d}W'}{S\mathrm{d}\tau} = -\frac{G'\mathrm{d}X}{S\mathrm{d}\tau} \approx -\frac{G'\Delta X}{S\Delta\tau}$$

(3-87)

式中,U 为干燥速率,又称干燥通量,$\mathrm{kg \cdot m^{-2} \cdot s^{-1}}$ 或 $\mathrm{kg \cdot m^{-2} \cdot h^{-1}}$;S 为干燥表面积,$\mathrm{m^2}$;W′ 为一批操作中汽化的湿分量,kg;$\tau$ 为干燥时间,s 或 h;G′ 为绝干物料的质量,kg;X 为物料湿含量,kg 湿分/kg 干物料,负号表示 X 随干燥时间

的增加而减少。

　　本实验以热空气为加热介质，以含水硅胶为被干燥物。实验一般是在环境空气的湿度、进入干燥器的空气的温度以及空气与湿物料接触的状况都基本不变的条件下进行的，为恒定干燥条件下的干燥实验。由于实验物料一次性加入，属于间歇干燥操作，因此随着干燥过程的进行，床层内固定位置处物料的温度以及湿含量等参数都在变化。

　　实验中定时测定物料的质量变化，并记录每一时间间隔内物料的质量变化及物料的表面温度，直到物料的质量恒定为止，此时物料与空气达到平衡状态，物料所含的水分即为该条件下的平衡水分。然后再将物料放到烘箱中烘干至恒重，即可测得绝干物料的质量。将上述实验数据整理后可分别得到物料含水量 X(kg 水分/kg 干物料) 及物料表面温度 $\theta(℃)$ 与干燥时间 τ(h) 的干燥曲线以及表示干燥速率 U(kg 水分 $\cdot$ m^{-2} $\cdot$ h^{-1}) 与物料含水量 X 的干燥速率曲线。恒定干燥条件下的典型干燥曲线与干燥速率曲线参见图 3-31 和图 3-32。

　　对于不同的物料和不同颗粒大小或不同厚薄的同种物料以及不同设备型式，干燥曲线与干燥速率曲线的形状是不同的，这反映了干燥情况的差异。但是无论是哪种干燥情况，干燥曲线都可以明显地分为两个阶段，如图 3-31 和图 3-32中的 ABC 段为恒速干燥阶段，在此阶段除开始有很短的预热段（AB 段）外，其余部分干燥速率基本不随物料含水量变化而变化。图 3-31 和图3-32中的 CDE 段为降速干燥阶段，在此阶段内干燥速率随物料含水量的减少而降低。

　　两个干燥阶段之间的交点称为临界点，与该点对应的物料含水量称为临界含水量，用 X_c 表示。因此，临界含水量 X_c 以后，干燥即由恒速干燥阶段转入降速干燥阶段。

　　恒速干燥阶段与降速干燥阶段的干燥机理及影响因素各不相同。在恒速干燥阶段中，物料表面非常润湿，其表面温度等于空气的湿球温度，湿物料的含水量以恒定的速度不断减少，因而干燥速率不变。因为该阶段干燥速率的大小取决于物料表面水分的汽化速率，亦即决定于物料外部的干燥条件，故恒速干燥阶段又称为表面汽化控制阶段。在降速干燥阶段中，由于水分自物料内部向表面汽化的速率赶不上物料表面水分的汽化速率，物料表面不能保持全部润湿，干燥速率随物料含水量的减少而降低。物料含水量越少，干燥速率越慢，直至达到平衡含水量为止，此时物料中所含的水分即为该空气状态下的平衡水分 X^*。降速阶段的干燥速率取决于物料本身的结构、形状和尺寸，故降速干燥阶段又称为物料内部迁移控制阶段。

　　二、实验装置与流程

　　(1)实验装置：间歇操作的流化床干燥器，主要由风机、空气加热器、转子流量计等组成,如图 3-35 所示。床身筒体一般采用高温硬质玻璃,用以观察颗粒沸腾情况。

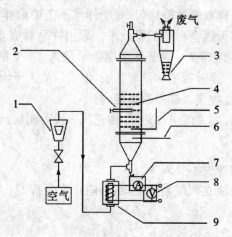

1—转子流量计;2—取样器;3—旋风分离器;4—流化床;5—湿度计;
6—温度计;7—电流电压表;8—自动变压器;9—电加热器

图 3-35　流化床干燥器试验装置流程图

(2)实验流程:风机输送空气流,经电加热预热和转子流量计计量后,热空气从流化床干燥器底部进入,通过流化床的分布板与在床层中的颗粒状湿物料进行流态化的接触和干燥,废气上升至流化干燥器顶部,经旋风分离器除尘后排放。空气流的流量、速度和温度,分别由阀门和自耦变压器调节;流化床床层压降由 U 管压差计测定。实验中的颗粒状湿物料可以采用变色硅胶。

四、实验步骤

(1)先进行流化床实验:加入硅胶至玻璃段的底部,调节空气流量,测定不同空气流量下的床层压降。

(2)流化床实验结束后,按实验要求,装填已经处理好的变色硅胶至取样器上 30 mm 处。

(3)开启罗茨鼓风机,调节空气的流量为定值(如 12 m³·h⁻¹),使流化床中的变色硅胶颗粒层处于良好的流化状态。

(4)将加水器中加入自来水(500~600 mL),打开进水开关,使水一滴一滴加入流化干燥器内,直到加水使流化床中变色硅胶颗粒层的颜色变为粉红色为止,注意滴加水的速度不能太快,否则变色硅胶会变为块状固体,影响流化效果。

(5)设定电加热器的加热温度为 80℃~100℃,开启电加热器预热罗茨鼓风机输送的空气流,待空气流动状况稳定后,每隔 2~5 min 记录流化床层温度一次,每间隔 5~10 min 取样一次,共取样 10~12 个直至实验结束。取样前首先将称量瓶烘干并冷却至恒重,用电子天平准确称量,取样时应将取样器在流化干燥器内旋转几次,这样取样才能均匀,每个样品不需要取样很多,能够均匀覆盖在称量瓶底部即可,否则会影响干燥效果。取出样品后应立刻盖紧称量瓶盖防止水分的挥发。准确称重后,取下称量瓶盖子放入 120℃的烘箱内烘干至变色硅胶变为蓝色为止。然后盖紧称量瓶盖子,取出后放入干燥器内冷却至恒重,准确称重。最后将样品收集入样品收集器内。

(6)实验结束,首先关闭电加热器,待通风一段时间后,再关闭罗茨鼓风机。

五、注意事项

(1)加热升温的速度不要太快。

(2)取出样品后应立刻盖紧称量瓶盖,防止水分挥发,否则对实验结果影响较大。

六、实验报告

(1)将实验数据进行列表,并计算样品的含水率、平衡含水率、自由含水率及干燥速率

(2)根据实验数据绘制干燥曲线和物料温度变化曲线

(3)依据实验结果绘制干燥速度曲线

(4)根据实验数据分析说明气流温度及气流速度不同时干燥速度有何变化。

(5)在双对数坐标纸上绘出流化床的压降-气速关系曲线。

七、思考题

(1)在 70℃~80℃的空气流中进行干燥,经过相当长的时间能否得到绝对干料?

(2)测定物料的干燥速度曲线对化工生产有何实际意义?

(3)有一些物料在热气流中干燥,希望热气流的相对湿度要小,而有些物料则要求在相对湿度较大的热气流中干燥,为什么?

(4)为什么实验操作中要先开罗茨鼓风机输送气体,而后再通电加热?

(5)实验操作过程中,取样及烘干后,为何要盖紧称量瓶的盖子,否则对实验结果有何影响?

(6)本实验所得到的流化床压降与气速之间的关系曲线有何特征?

(7)流化床操作中,存在腾涌和沟流两种不正常现象,如何利用床层压降对其进行判断? 怎样避免这种现象的发生?

编写人:丁海燕、冯尚华

验证人:张　庆、张翠娟

实验十七 液-液萃取实验

一、实验目的

(1)熟悉液-液萃取塔的操作。

(2)观察萃取塔内两相的流动现象。

(3)观察萃取塔两相流动时的液泛现象。

(4)掌握液-液萃取时传质单元高度及体积总传质系数的实验测定方法。

二、实验原理

萃取是分离液体混合物的一种常用操作,其原理是在待分离的混合物中加入与之不互溶(或部分互溶)的萃取剂,形成共存的两个液相。利用原溶剂与萃取剂对各组分的溶解度的不同,使原溶液得到分离。

1. 液-液传质特点

液-液萃取与精馏、吸收均属于相际传质操作,因此,它们之间有许多相似之处,但由于在液-液系统中,两相的密度差和界面张力均较小,影响传质过程中两相的充分混合。为了促进两相的传质效果,在液-液萃取过程中常常要借助外力将一相强制分散在另一相中(如利用外加能量的脉冲填料萃取塔、往复式振动筛板萃取塔、桨叶式旋转萃取塔、转盘萃取塔等)。然而两相一旦混合,要使它们充分分离也很难,因此萃取塔通常在塔的顶部和底部有扩大的相分离段。在萃取过程中,两相的混合与分离好坏,直接影响到萃取设备的效率。影响混合、分离的因素很多,除与液体的物性有关外,还与设备结构、外加能量、两相流体的流量等有关,很难用数学方程直接求得,因而表示传质效果好坏的级效率或传质系数多通过实验测定。

研究萃取塔性能和萃取效率时,观察萃取操作时的现象十分重要,因此实验时要注意了解以下几点:液滴分散与聚结现象;塔顶、塔底分离段的分离效果;萃取塔的液泛现象;外加能量大小(改变振幅或脉冲频率等)对操作的影响。

2. 液-液萃取段高度的计算

萃取过程与气-液传质过程的机理类似,计算萃取段高度目前均用理论级数及级效率或传质单元数及传质单元高度法。对于本实验所用的脉冲填料塔或振动筛板塔,一般采用传质单元数及传质单元高度法计算。当溶液为稀溶液,且溶剂与稀释剂完全不互溶时,萃取过程与填料塔的吸收过程类似,可以仿照吸收操作处理。

本实验以水为萃取剂,从煤油中萃取苯甲酸。水相为萃取相,以 E 表示(又称连续相、重相);煤油相为萃余相,以 R 表示(又称分散相、轻相)。轻相由塔底进入,作为分散相向上流动,重相由塔顶进入,作为连续相向下流动,轻重两相在塔内逆流接触。在萃取过程中,苯甲酸部分地从萃余相转移至萃取相。考虑水与煤油是完全不互溶的,且苯甲酸在两相中的浓度都很低,可认为在萃取过程中两相流体的体积流量不发生变化。

用萃取相计算传质单元高度和传质单元数。

萃取塔的有效高度可用下式表示:$H = H_{OE}N_{OE}$　　　　　　　　　(3-88)

$$H_{OE} = \frac{S}{K_Y aA}$$　　　　　　　　　(3-89)

$$N_{OE} = \int_{Y_{Et}}^{Y_{Eb}} \mathrm{d}Y_E / [Y_E^* - Y_E]$$　　　　　　　　　(3-90)

式中,H 为萃取段高度,m;H_{OE},N_{OE} 为分别是按萃取相计算的传质单元高度和传质单元数;S 为萃取相中纯溶剂的流量,kg 水分·h^{-1};A 为萃取塔截面积,m^2;$K_Y a$ 为按萃取相计算的体积总传质系数,kg·m^{-3}·h^{-1};Y_{Et},Y_{Eb} 分别表示萃取相进、出塔时溶质苯甲酸的质量比组成,kg 苯甲酸/kg 水分;Y_E 在塔内某一高度处萃取相中苯甲酸的质量比组成,kg 苯甲酸/kg 水分;Y_E^* 在塔内某一高度处与萃余相组成 X_R 成平衡的萃取相中苯甲酸的质量比组成,kg 苯甲酸/kg 水分。

在本实验中,用纯水萃取,因此 $Y_{Et} = 0$。萃取相出塔时溶质苯甲酸的质量比组成 Y_{Eb}、萃余相进出塔时溶质苯甲酸的质量比组成 X_{Rb},X_{Rt} 用容量分析法测定。其中 (X_{Rt}, Y_{Et}),(X_{Rb}, Y_{Eb}) 为操作线的两个点。

根据萃取过程的分配曲线和萃取过程的操作线,进行图解积分可求得 N_{OE}。

$$K_Y a = \frac{S}{H_{OE}A}$$　　　　　　　　　(3-91)

三、实验装置与流程

(1)实验装置:实验室常用的萃取设备主要有各种萃取塔,包括振动筛板萃取塔、脉冲振动筛板塔、脉冲填料萃取塔、转盘萃取塔等。图 3-36 为脉冲填料萃取装置流程图。

(2)实验流程:本实验以水为萃取剂,萃取煤油中的苯甲酸。重相水从水槽19 经泵 20、转子流量计 17 进入塔顶,作为连续相向下流动至塔底经 π 形管 5 流出。轻相从煤油储槽 14 经泵 15、转子流量计 12 进入塔底,作为分散相向上流动,经塔顶分离段分离后由塔顶流出。两相在塔中逆流接触进行传质。在萃取过程中,苯甲酸部分地从萃余相转移至萃取相。萃余相及萃取相中苯甲酸的浓度通过容量法测定。因为水与煤油是完全不互溶的,且苯甲酸在两相中的浓度都很低,可认为在萃取过程中两相液体的体积流量不发生变化。通过改变萃取塔的脉冲频率或振动筛板塔的振幅,可以计算出不同外加能量时传质单元高度或体积总传质系数,从而测定不同外加能量的萃取效果。

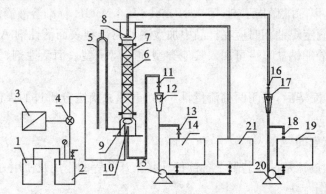

1—压缩机;2—稳压罐;3—脉冲频率调节仪;4—电磁阀;5—π型管;6—玻璃萃取塔;
7—填料;8—进水分布器;9—脉冲气体分布器;10—煤油分布器;11—煤油流量调节阀;
12—煤油流量计;13—煤油泵旁路阀;14—煤油储槽;15—煤油泵;16—水流量调节阀;
17—水流量计;18—水泵旁路调节阀;19—水储槽;20—水泵;21—出口煤油储槽

图3-36 脉冲填料萃取装置流程图

(3)装置参数:根据具体装置确定。

四、实验步骤

(1)在贮水槽内放满水,在煤油储槽内放满配制好的煤油,分别启动水相和煤油相送液泵,将两相的回流阀打开,使其循环流动。

(2)全开水转子流量计调节阀,将重相(连续相)送入塔内。当塔内水面快上升到重相入口与轻相出口中点时,将水流量调至指定值,并缓慢改变π形管高度,使塔内液位稳定在重相入口与轻相出口中点附近位置上。

(3)将轻相(分散相)流量调至指定值,并注意及时调节π形管的高度,在实验过程中,始终保持塔顶分离段两相的相界面位于重相入口与轻相出口中点附近。

(4)开动脉冲频率仪的开关,将脉冲频率和脉冲空气的压力调到一定数值,进行某一脉冲强度下的实验(如果是振动筛板塔可改变振动频率或振幅)。

(5)在操作过程中,要避免塔顶两相的界面过高或过低。若两相界面过高到达轻相出口的高度,则会导致重相混入轻相储槽。

(6)操作稳定 30 min 后用锥形瓶收集轻相进、出口的样品各约 40 mL,重相出口样品约 50 mL 备分析浓度之用。

（7）取样后，即可改变脉冲频率或脉冲气压，其他条件不变，进行第二个实验点的测试。

（8）用容量分析法测定各样品的浓度。用移液管分别取煤油相 10 mL，水相 25 mL 样品，以酚酞做指示剂，用 0.01 mol·L⁻¹ NaOH 标准溶液滴定样品中的苯甲酸。在滴定煤油相时应在样品中加数滴非离子型表面活性剂 ASE（脂肪醇聚乙烯醚硫酸酯钠盐），也可加入其他类型的非离子型表面活性剂，并激烈地摇动滴定至终点。

（9）实验完毕后，关闭两相流量计，切断电源。滴定分析过的煤油应集中存放回收。

五、注意事项

（1）必须搞清楚操作装置上各部件、阀门、开关等的作用及使用方法，然后再进入实验操作。

（2）由于分散相和连续相在塔顶、塔底滞留量很大，改变操作条件后，稳定时间一定要足够长，大约 30 min，否则误差极大。

（3）煤油的实际体积流量并不等于流量计的读数。需用煤油的实际流量数值时，必须用流量修正公式对流量计的读数进行修正后方可使用。

（4）实验中煤油中苯甲酸的浓度应保持在 0.15%～0.20% 为宜。

六、实验报告

（1）计算不同脉冲频率下的液-液萃取体积总传质系数 K_Ya。
（2）描述正常操作的萃取过程的流体力学现象。
（3）描述萃取过程的液泛现象。

七、思考题

（1）在萃取过程中选择连续相、分散相的原则是什么？
（2）萃取过程对哪些体系最好？
（3）萃取与精馏都是分离液体混合物的单元操作，二者有何异同？精馏塔与萃取塔的结构有何异同？
（4）萃取效果的好坏与哪些因素有关？

编写人：丁海燕
验证人：齐世学

实验十八　搅拌器性能测定实验

一、实验目的

(1)掌握搅拌功率曲线的测定方法。

(2)了解影响搅拌功率的因素及其关联方法。

二、实验内容

用羟甲基纤维素钠(CMC)水溶液作为工作介质,测定液-液相搅拌功率曲线。

三、实验原理

搅拌操作是重要的化工单元操作之一,它常用于互溶液体的混合、不互溶液体的分散和接触、气液接触、固体颗粒在液体中的悬浮、强化传热及化学反应等过程。搅拌聚合釜是高分子化工生产的核心设备。

搅拌过程中流体的混合要消耗能量,即通过搅拌器把能量输入到被搅拌的液体中去,因此搅拌釜内单位体积流体的能耗是判断搅拌过程好坏的依据之一。

由于搅拌釜内液体运动状态十分复杂,搅拌功率目前尚不能由理论得出,只能由实验获得它与多变量之间的关系,并以此作为搅拌操作放大过程中确定搅拌规律的依据。

液体搅拌功率消耗可表达为下列诸变量的函数:

$$N=f(k,n,d,\rho,\mu,\cdots) \tag{3-92}$$

式中,N 为搅拌功率,W;k 为无量纲系数;n 为搅拌转速,$\mathrm{r \cdot s^{-1}}$;ρ 为流体密度,$\mathrm{kg \cdot m^{-3}}$;μ 为流体黏度,$\mathrm{Pa \cdot s}$;d 为搅拌器的直径。

由因次(量纲)分析法可得下列无因次数群的关联式:

$$\frac{N}{\rho n^3 d^5} = k\left(\frac{d^2 n\rho}{\mu}\right)^x \left(\frac{n^2 d}{g}\right)^y \tag{3-93}$$

令 $N_p=\dfrac{N}{\rho n^3 d^5}$,$N_p$ 称为功率无量纲(准)数;$Re=\dfrac{d^2 n\rho}{\mu}$,$Re$ 称为搅拌雷诺数;$Fr=\dfrac{n^2 d}{g}$,Fr 称为搅拌佛鲁德(准)数,则

$$N_p=kRe^x Fr^y \tag{3-94}$$

令 $\varphi=\dfrac{N_p}{Fr^y}$,$\varphi$ 称为功率因数。

对于不打旋的系统重力影响极小,可忽略 Fr 的影响,即 $y=0$,则 $\varphi=N_p=$

kRe^x。

因此,在对数坐标纸上可标绘出 N_p 与 Re 的关系曲线。

本实验中,搅拌功率可由下式得到:

$$N=I\times V-(I^2R+Kn^{1.2}) \tag{3-95}$$

式中,N 为搅拌功率,W;R 为搅拌电机的内阻,24.4Ω;I 为搅拌电机的电极电流,A;n 为搅拌电机转速,$r\cdot s^{-1}$;V 为搅拌电机的电极电压,V;K 为常数,本实验为 6。

四、实验装置

本实验使用的是标准搅拌槽,其内径为 280 mm,高为 310 mm。为防止"打旋"现象的产生,可在其内安装四片垂直挡板。此挡板除可消除"打旋"现象外,还可增大搅拌液的湍动程度,从而改变搅拌效果。搅拌桨为六片平直叶圆盘涡轮,其直径为 100 mm。实验装置流程见图 3-37。

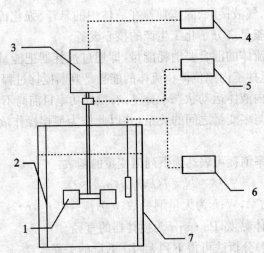

1—搅拌桨;2—挡板;3—电机;4—电机调速器;5—扭距测量仪;6—电导率仪;7—搅拌槽

图 3-37 搅拌实验装置流程图

五、实验方法

测定水的搅拌功率曲线:

(1)打开总电源,各数字仪表显示"0"。打开搅拌调速开关,慢慢转动调速旋钮,电机开始转动。在转速设为 $100\sim500$ $r\cdot min^{-1}$ 之间取 $10\sim12$ 个点测试。实验中调一个转速,数据显示基本稳定后方可读数,同时应注意观察流型及搅拌情况。每调节一个转速记录以下数据:电机的电压(V)、电流(A)、转速(r·min^{-1})、水的温度。

(2)实验结束时一定把调速降为"0"后,才可关闭搅拌调速。

六、注意事项

电机调速一定是从"0"开始,调速过程要慢,否则易损坏电机。实验结束时一定要把调速降为"0",然后再关闭搅拌调速。

七、实验报告

在对数坐标纸上标绘 N_p-Re 曲线。

计算举例(以第一实验点为例进行计算):

$$N = IV - (I^2 R + Kn^{1.2}) = 28.7 \times 0.08 - \left[0.08^2 \times 24.4 + 0.6 \left(\frac{124}{60} \right)^{1.2} \right]$$

$$= 0.706$$

$$N_p = \frac{N}{\rho n^3 d^5} = \frac{0.706}{996 \times \left(\frac{124}{60} \right)^3 \times 0.1^5} = 8.03$$

$$Re = \frac{d^2 n \rho}{\mu} = \frac{0.1^2 \times \left(\frac{124}{60} \right)^3 \times 0.1^5}{818 \times 10^{-3}} = 2.52 \times 10^4$$

八、思考题

(1)搅拌功率曲线对几何相似的搅拌装置能共用吗?

(2)试说明测定 N_p-Re 曲线的实际意义。

编写人:伍联营

实验十九 膜性能测定实验

一、实验目的

(1)了解膜的结构和影响膜分离效果的因素,包括膜材质、压力和流量等。

(2)了解膜分离的主要工艺参数,掌握膜组件性能的表征方法。

二、实验原理

1.膜分离简介

膜分离是以对组分具有选择性透过功能的膜为分离介质,通过在膜两侧施加一种或多种推动力,使原料中的某组分选择性地优先透过,从而达到使混合物分离,并实现产物的提取、浓缩、纯化等目的的一种新型分离过程。其推动力可以为压力差、浓度差、电位差、温度差等。膜分离的过程有很多种,不同的过程所采用的膜及施加的推动力不同,通常称进料液流侧为膜上游,透过液流侧为膜下游。

微滤、超滤、纳滤与反渗透都是以压力差为推动力的膜分离过程,当膜两侧施加一定的压力差时,可使一部分溶剂及小于膜孔径的组分透过膜,而微粒、大分子、盐等被膜截留下来,从而达到分离的目的。四个过程的主要区别在于被分离物粒子或分子的大小和所采用膜的结构与性能。

2.膜的表征

一般而言,膜组件的性能可用截留率(R)、透过液通量(J)和溶质浓缩倍数(N)来表示。

$$R = \frac{c_0 - c_p}{c_0} \times 100\% \tag{3-96}$$

式中,R 为截留率;c_0 为原料液的浓度,$mg \cdot L^{-1}$;c_p 为透过液的浓度,$mg \cdot L^{-1}$。

对于不同溶质组分,在膜的正常工作压力和工作温度下,截留率不尽相同,因此这也是工业上选择膜组件的基本参数之一。

$$J = \frac{V_p}{St} \tag{3-97}$$

式中,J 为透过液通量,$L \cdot m^{-2} \cdot h^{-1}$;$V_p$ 为透过液的体积,L;S 为膜面积,m^2;t 为分离时间,s。

其中,V_p 即透过液的体积流量,在把透过液作为产品侧的某些膜分离过程中,该值用来表征膜组件的工作能力。一般膜组件出厂,均有纯水通量这个参数,即用日常自来水(钙、镁离子等为溶质组分)通过膜组件而得出的透过液通量。

$$N = \frac{c_R}{c_p} \tag{3-98}$$

式中,N 为溶质的浓缩倍数;c_R 为浓缩液的浓度,$mg \cdot L^{-1}$;c_P 为透过液的浓度,$mg \cdot L^{-1}$。

该值比较了浓缩液和透过液的分离程度,在某些以获取浓缩液为产品的膜分离过程中,是重要的表征参数。

三、实验装置与流程

本实验装置为科研用膜,透过液通量和最大工作压力均低于现场实际使用情况,实验中不可将膜组件在超低压状态下工作。主要工艺参数如表 3-1 所示。

表 3-1　膜组件的主要工艺参数

膜组件	膜材料	膜面积/m^2	最大工作压力/MPa
反渗透	芳香聚酰胺	0.4	0.7

　　反渗透可分离分子量为 100 的离子,学生实验常取 0.5％浓度的硫酸钠水溶液为料液,浓度分析采用电导率仪,即分别测取电导率值,然后比较相对数值即可(也可根据实验前获得的浓度与电导率标准曲线来获取浓度值)。

　　实验流程见图 3-38。

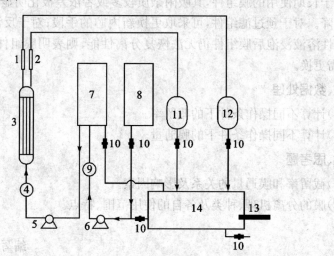

　　1　清液流量计;2—浓液流量计;3—膜组件;4—压力表;5—高压泵;6—低压泵;
7—预过滤液槽;8—配料槽;9—预过滤器;10—阀门;11—清液取样口;12—浓液取样口;
13—温度计;14—料液槽

图 3-38　膜性能测定实验装置流程图

注:配料槽是指专用于配制实验所需的实验物料或清洗液、消毒液、保护液等的贮槽。料液槽是系统循环专用贮槽。

四、实验步骤

　　(1)用清水清洗管路,通电检测高、低压泵,温度、压力仪表自检。

　　(2)在配料槽中配置实验所需料液。打开低压泵,料液经预处理器进入预过滤液槽。

　　(3)低压预过滤 5～10 min,开启高压泵,分别打开清液、浓液转子流量计开度,记录清液和浓液转子流量计的读数。实验过程中可分别取样,并测定清液和浓液的电导率。

　　(4)若采用大流量物料,可在备用料槽中配好相应浓度料液。

　　(5)实验结束,可在配料槽中配置消毒液(常用 1％甲醛)打入各膜芯中。

　　(6)对于不同膜分离过程实验,可安装不同膜组件。

五、注意事项

整个单元操作结束后,先用水清洗管路,然后在保护液储槽中配置0.5%～1%浓度的甲醛溶液,用泵打到膜组件中,使膜组件浸泡在保护液中。

对于长期使用的膜组件,其吸附杂质较多或者浓差极化明显,膜分离性能会显著下降。对于预过滤组件,可采取更换新内芯的手段;对于反渗透组件,若采取针对性溶液浸泡后膜组件仍无法恢复分离性能,则表明膜组件使用寿命已到尽头,需更换。

六、数据处理

(1)计算不同操作条件下的截留率。

(2)计算不同操作条件下的膜通量。

七、思考题

(1)截留率和膜通量的关系及影响因素。

(2)膜的分离机理、种类及各自的使用范围、特点。

编写人:伍联营

实验二十　集成膜分离实验

一、实验目的

(1)了解集成膜分离过程的装置流程和各处理步骤的作用与基本原理。

(2)了解集成膜分离过程的操作方法、膜分离装置的结构和操作。

(3)掌握膜通量、脱除率的测定方法。

二、实验原理

膜分离是一类重要的单元操作过程,具有高效、节能、常温操作、无相变等优点,已成为水处理和物料浓缩、分离的优选技术之一。根据分离物系的特点,膜分离过程常采用不同的处理单元,以达到分离的目的。先进的膜分离流程多为不同膜过程的组合,称为集成膜过程。不同的膜过程有不同的进水水质要求,即需要对进水进行预处理,减少膜污染,延长使用寿命。常用的集成膜过程为双膜法,即超滤＋反渗透处理方法,去除水中大部分有机物和盐类,得到适于饮用或达到工艺要求的物料。

本装置中,多介质过滤器、活性炭吸附器、精密过滤器、超滤膜组件是整个系统的预处理单元。多介质过滤器中装填不同粒度的石英砂作为过滤介质,可截留水中的悬浮杂质,从而使水达到澄清的目的。活性炭吸附器中装填有高吸附性能的活性炭,由于活性炭对水中大部分污染物都有较好的吸附作用,可以获得稳定的出水水质。精密过滤器中的滤芯过滤精度为 $5\sim10\ \mu m$,可以将水中更微小的杂质、活性炭粉末截留。超滤膜分离是以分子或粒子为基础,以压力作为推动力的过滤技术,其分离机理为筛分,即靠膜的孔径大小进行分离。工业上常用的超滤过程有死端过滤或错流过滤两种。本实验采用错流过滤流程。超滤膜膜孔径为 $0.01\sim0.001\ \mu m$,截留分子量范围为 $6\ 000\sim10$ 万 Dalton。超滤膜作为预处理手段,可为纳滤、反渗透进水提供水质保障,更好地保护纳滤膜和反渗透膜。超滤膜产水直接进入中间水箱(图 3-40 中 7)。纳滤膜一般是荷电膜,其对不同荷电离子具有不同的截留性能,其机理一般认为是膜与不同荷电离子的静电排斥作用以及膜孔的位阻作用。

反渗透膜分离技术就是利用反渗透原理进行分离的方法,所谓反渗透过程即加在溶液上的压力超过了渗透压,使溶液中的溶剂向纯溶剂方向流动。反渗透膜分离技术广泛应用于海水淡化和苦咸水处理等工程中,在解决水源和环境保护方面拥有广阔的前景。反渗透膜原理如图 3-39 所示。

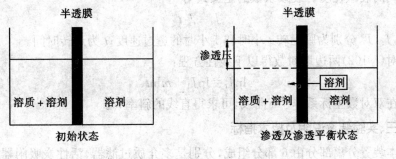

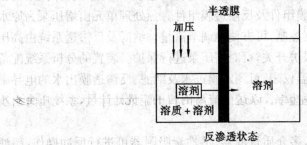

图 3-39 反渗透原理示意图

反渗透膜在特定的溶液系统和操作条件下,主要通过溶质分离率、溶剂透过流速以及流量衰减系数三个参数来标明其使用性能。

(1)溶质分离率又称截留率,对盐溶液又称脱盐率,其定义式如下:

$$K=(1-\frac{c_3}{c_2})\times100\%\qquad\qquad(3\text{-}99)$$

通常实际测定的是溶质的表观分离率,定义为

$$R_E=(1-\frac{c_3}{c_1})\times100\%\qquad\qquad(3\text{-}100)$$

式中,c_1 为被分离的主体溶液浓度,$mg \cdot L^{-1}$;c_2 为高压侧膜与溶液的界面浓度,$mg \cdot L^{-1}$;c_3 为膜的透过液浓度,$mg \cdot L^{-1}$。

(2)溶剂透过速度对于水溶液体系又称为透水率或水通量,定义式为

$$J=\frac{V}{St}\qquad\qquad(3\text{-}101)$$

式中,V 为透过液的容积或重量;S 为膜有效面积;t 为运转时间。

在实验室范围 J 通常以 $mL \cdot cm^{-2} \cdot h^{-1}$ 为单位,工业生产上常以 $L \cdot m^{-2} \cdot d^{-1}$ 为单位。

(3)膜流量衰减系数 m 是指由于膜的压密和浓差极化而引起的膜透过速度随时间的衰减程度。衰减系数的定义式为

$$J_t=J_1t^m\qquad\qquad(3\text{-}102)$$

式中,J_t,J_1 分别为膜运转 t 小时和 1 小时的透过速度;t 为运转时间。

对(3-102)两边取对数得以下线性方程:

$$\ln J_t=\ln J_1+m\ln t\qquad\qquad(3\text{-}103)$$

在双对数坐标系作 $J\text{-}t$ 曲线,可求得直线的斜率 m。

三、实验装置说明及技术指标

本装置分离部分由 6 部分组成,分别是多介质过滤器、活性炭吸附器、精密过滤器、超滤膜组件、纳滤膜组件及反渗透膜组件。预处理单元由增压泵为原水增压,增压泵由小型变频器控制,可方便地调节流量。纳滤及反渗透系统由高压泵增压,装置设置了低压保护开关,可对高压泵进行保护。装置的分析系统配备了在线检测电导率仪及测温仪表,可测定膜进水及纳滤、反渗透膜出水的电导率及水温,从而计算出膜的脱盐率。系统的流量由转子流量计计量,系统压力由压力表测定。

装置配备了清洗系统,多介质过滤器、活性炭吸附器可进行反冲操作,超滤膜部分可进行反洗操作。在需要时,也可用药液对超滤膜部分进行药洗。

1. 技术指标

(1)多介质过滤器:规格为 Φ 90 mm×1 000 mm,外壳为 ABS 材质,过滤介质为不同粒度的石英砂;

(2)活性炭吸附器:规格为 Φ 90 mm×1 000 mm,过滤介质为活性炭;

(3)精密过滤器:规格为 Φ 90 mm×1 000 mm,外壳为 ABS 材质,滤芯为聚砜,过滤精度为 5～10 μm;

(4)中空纤维超滤膜:膜组件为内压式膜组件,规格 Φ 90 mm×1 000 mm,膜材料为聚丙烯腈,中空纤维膜外径 Φ 1.0～1.2 mm,膜孔径在 0.01～0.001 μm,截留分子量 6 000～10 万;

(5)美国海德能公司进口 RO 膜型号:ESPA2—4040,标准测试条件下,RO 膜脱盐率≥99%,膜壳为耐压不锈钢膜壳;

(6)美国海德能公司进口 NF 膜型号:ESNA1—4040,标准测试条件下,NF 膜脱盐率≥70%,膜壳为耐压不锈钢膜壳;

(7)增压泵:SZ037 射流式自吸离心泵,流量最大 3 m³·h⁻¹,最大扬程 35 m;采用小型变频器对马达进行无级调速实现流量调节;

(8)高压泵:美国进口 PROCON 泵,型号 104B330F;

(9)装置设置了清洗系统,可对多介质过滤器、活性碳吸附器进行反冲洗,也可对超滤膜进行反冲洗,还可对超滤膜进行化学清洗;

(10)在线电导率仪型号:CM-230 面板式电导率仪。

2. 装置流程图

集成膜实验装置流程图见图 3-40。

3. 实验说明

(1)预处理部分:

1)膜组件结构:图 3-41 为内压式超滤膜结构图。

2)操作方法:

①按工艺流程图连结好管路,设备有良好接地保护。

②在原水箱 1 内通入自来水(或配制的盐水)。

③系统检漏:打开相关的阀门,启动增压泵 2,由变频器调节系统流量,使超滤系统压力表指示≤0.15 MPa,使水循环 10 min 左右,检查系统各处是否有漏水现象,同时检查各液流是否畅通。运转几分钟后如超滤液、浓缩液通畅,液量随出口压力变化而变化,即系统正常。

④反冲洗:多介质过滤器运行一段时间后或开始工作时,应进行反冲洗,将截留的杂质去除。反冲时,应打开反冲阀门,缓慢调节变频器控制一定流量,防止流量太大将滤料冲出。反冲水直接排入下水道。活性炭吸附器运行一段时间后或开始工作时,也应进行反冲。因活性炭较轻,反冲时更应控制好流量,防止活性炭被冲出。

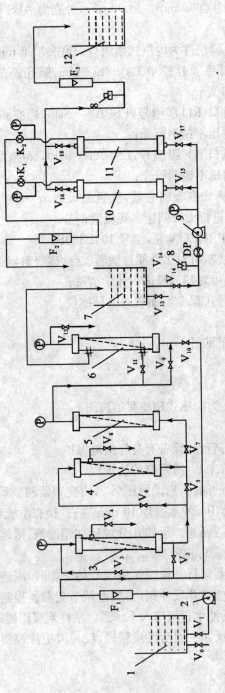

P—压力表;V_{0-18}—阀门;F_{1-3}—转子流量计;K_{1-2}—调节阀;1—原水箱;2—增压泵;3—多介质过滤器;
4—活性炭吸附器;5—精密过滤器;6—超滤膜;7—中间水箱;8—电导率仪;9—高压泵;
10—纳滤膜(NF);11—反渗透膜(RO);12—纯水箱

图3-40 集成膜实验装置流程图

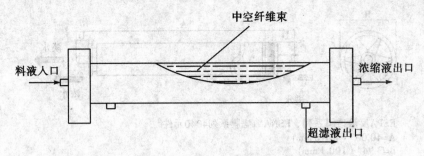

图 3-41 中空纤维超滤膜组件

⑤超滤膜反冲洗：当超滤膜经过较长时间运行使通量下降时，可对超滤膜进行反洗。反洗时，在清洗水箱中加入纯水，使水通过反洗管路进入膜组件，控制系统压力≤0.1 MPa。运行一段时间，可较好地恢复膜通量。

⑥超滤膜的化学清洗：超滤膜经过反冲洗，通量仍然不能恢复时，就应进行化学清洗。进行化学清洗时，可在原水箱中加入安替福民水溶液（安替福民有效成分为次氯酸钠，有效氯≥10%）（注：500 mL 安替福民可加 75 L 水），直接通过化学清洗管路进入用泵将药液打入超滤膜，浸泡一段时间后，再用清水洗净后，即可重新恢复通量。

⑦超滤膜加保护液：放净系统的清洗水，在原水箱中加入保护液（保护液为0.5%～1%的甲醛水溶液），用泵将保护液直接通过化学清洗管路打入系统中。夏季停用两天可以不加；冬季停用五天可以不加。超过上述期限，必须有效地加入保护液，下次操作前可放出保护液并保存再用。

（2）纳滤、反渗透部分：

1）纳滤、反渗透膜分离装置主要技术特点如下：

①在常温下不发生相变化的条件下，可以将溶质和水进行分离，适用于热敏物质的分离、浓缩。

②杂质去除范围广，不仅可去除溶解的无机盐类，而且可以去除各类有机物杂质。

③具有较高的脱盐率和水的回收率，可截留粒径几个纳米以上的溶质。

④压力为膜分离的推动力，分离装置简单，易操作和维修。

⑤需配备高压泵和耐压管路。采用一定的预处理措施及定期清洗，可以延长膜的使用寿命。

⑥膜组件由膜元件及压力容器组成，膜元件示意图及工艺尺寸如图 3-42 所示。

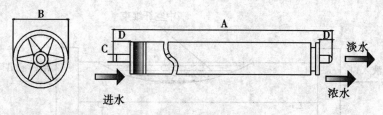

ESPA反渗透膜系列、ESNA纳滤膜系列4040元件:
A=40.00"（1 016 mm）
B=3.94"（100.1 mm）
C=0.75"（19.1 mm）
D=1.05"（26.7 mm）
净重8磅(3.6 kg)

图 3-42　膜元件示意图及尺寸

本装置选用的反渗透膜型号为 ESPA$_2$—4040,纳滤膜型号为 ESNA$_1$—4040,其适合的进水 pH 范围为 3.0～10.0。本装置纳滤、反渗透膜为并联结构,两只膜应分别操作。

四、实验步骤

1.预处理部分

(1)按上述各步骤准备好之后,即可以进行实验操作;

(2)实验工艺参数:温度为室温;压力在实验过程中,控制超滤进口压力≤0.15 MPa;水箱连续进水,超滤液直接进入中间水箱,超滤浓水直接排放入下水道。

(3)运行操作:原水箱 1 内通入自来水,打开进水阀门 V_1,V_3,V_6,V_7,V_9,阀门 V_2,V_4,V_5,V_8,V_{10},V_{11}均关闭。启动增压泵 2,调节变频器,控制一定流量,压力≤0.15 MPa,调节浓水排出阀门 V_{12},控制只要有浓水排出即可。连续产出的超滤水进入中间水箱 7,作为纳滤、反渗透的水源。实验中分别取原水、多介质过滤器出水、活性炭吸附器出水、精密过滤器出水、超滤膜产水等少量水样,测定浊度、电导率、SDI(污染密度指数)、有机物含量(TOC)。

2.纳滤、反渗透膜分离部分

(1)待中间水箱 7 满水后,打开出水阀 V_{14},使高压泵 9 充满料液;再打开纳滤(或反渗透)部分进水阀门 V_{15}(或 V_{17})和出水阀门 V_{16}(或 V_{18}),调节阀 K_1(或 K_2)全开,启动高压泵。调节浓水调节阀 K_1(或 K_2),使系统压力慢慢升高进行检漏,直至不漏为止,控制压力≤0.6 MPa。然后进行正常运行。用浓水调节阀 K_1调节纳滤纯水产量,记录膜进口压力、浓水压力、浓水流量、纯水流量;同时在线检测原水温度、进水浓水的电导率。纳滤膜、反渗透膜应单独操作。

(2)一个实验结束时,缓慢调节浓水调节阀 K_1至全开,运行 1～2 min 后关闭高压泵,最后关闭进水阀门。

(3)实验全部结束时,切断电源。

五、故障处理及注意事项

1.预处理部分故障处理

(1)泵运转声音异常:停泵检查电源电压是否正确,或检查泵内是否充满液体。

(2)泵不运转:检查电源是否符合要求以及有无线路故障。

(3)流量不足:可能泵有"气蚀"存在,排出气体即可正常。

(4)没有流量:检查泵是否反转以及进水阀门是否开启;

(5)系统压力升高:检查管路是否通畅、阀门开启是否正确。

2.纳滤与反渗透部分故障处理

(1)系统压力不足:原因是系统漏或气体无排净,应仔细查找漏点并解决或继续排气,直至符合要求为止。

(2)脱盐率低:可能是膜元件性能低下或老化,需更换新的膜元件。

(3)系统阻力大或流量偏小:检查系统阀门、变频器状态。

(4)电导率仪超量程:检查电导率仪量程,此电导率仪有 3 个量程,即 20 μS·cm^{-1},200 μS·cm^{-1},2 000 μS·cm^{-1},应根据处理介质的不同选择合适的量程。(详细的可查阅电导率仪说明书)

3.注意事项

(1)任何情况下,膜元件均不允许出现反压,即透过水的压力大于给水/浓水侧的压力。

(2)出厂时,压力保护开关已设置完毕,不能随意变动压力保护开关。压力保护开关可控制高压泵在系统压力低时不能启动,以便保护高压泵。

(3)纳滤、反渗透膜工作时,预处理部分应连续给水,严禁中间水箱液位太低,空气进入高压泵中。

(4)当系统处理不同的料液时,需先将系统清洗干净。

六、实验数据处理

根据大量实测数据,经统计分析整理得出不同水型总含盐量 c(mg·L^{-1})与电导率 σ(μS·cm^{-1})和水温 T(℃)之间存在下列关系式:

Ⅰ-Ⅰ价型水:$c=0.573\ 6e^{(0.000\ 228\ 17T^2-0.033\ 22T)}\sigma^{1.071\ 3}$

Ⅱ-Ⅱ价型水:$c=0.514\ 0e^{(0.000\ 207\ 17T^2-0.033\ 85T)}\sigma^{1.134\ 2}$

重碳酸盐型水:$c=0.838\ 2e^{(0.000\ 182\ 87T^2-0.032\ 00T)}\sigma^{1.080\ 9}$

不均齐价型天然水:$c=0.438\ 1e^{(0.000\ 180\ 07T^2-0.032\ 06T)}\sigma^{1.135\ 1}$

对于不清楚水的离子组成、暂不能确定其水型时,可作如下考虑:当常温下电导率小于1 200 μS·cm^{-1}时,可按重碳酸盐型水处理;电导率大于1 500 μS·cm^{-1}时,可按Ⅰ-Ⅰ价型水处理;其余则按不均齐价型水处理。

将进水和产水的电导率换算成进水和产水的离子浓度,再由式(3-100)计算得到膜的截留率。

根据式(3-102)计算膜的产水通量,并分析通量随时间的衰减情况。

实验举例:

RO系统进水压力为0.6 MPa时,浓水压力为0.5 MPa,浓水流量为13.5 L·min^{-1},纯水流量为3.2 L·min^{-1},水温29.2℃。

(1)进水电导率为548 μS·cm^{-1};

(2)纯水电导率为10.3 μS·cm^{-1}。

NF系统操作压力为0.6 MPa时,浓水压力为0.47 MPa,浓水流量为11 L·min^{-1},产水流量为6 L·min^{-1},水温为29.2℃。

(1)进水电导率为536 μS·cm^{-1};

(2)产水电导率为124 μS·cm^{-1}。

本实验中,原水按重碳酸盐型水处理,纯水按Ⅰ-Ⅰ价型水处理。实验结果:

RO系统:

(1)进水含盐量为351 mg·L^{-1};

(2)纯水含盐量为3.2 mg·L^{-1}

RO系统脱盐率为99.1%

NF系统:

(1)进水含盐量为343 mg·L^{-1};

(2)产水含盐量为46.2 mg·L^{-1}。

NF系统脱盐率为86.5%。

通过对集成膜过程中各处理步骤的产水的浊度、电导率、SDI、有机物含量的分析,比较集成膜过程中各处理步骤的作用和处理效果。

分析集成膜过程中超滤、纳滤、反渗透膜的产水通量随时间和操作条件的变化。

七、思考题

(1)纳滤、超滤、反渗透膜的截留机理有何不同?

(2)温度、压力、水质等对膜截留率、回收率的影响?

编写人:伍联营

实验二十一 热集成精馏实验

一、实验目的

(1)了解热集成精馏过程的原理。

(2)掌握双塔热集成的流程、操作方法。

(3)掌握能量分析方法,进行热集成过程的能量有效利用分析。

二、实验原理

精馏是化工工艺过程中重要的单元操作,是化工生产中不可缺少的手段之一。其基本原理是利用组分的汽液平衡关系与混和物之间相对挥发度的差异,将液体升温汽化并与回流的液体接触,使易挥发组分(轻组分)浓度逐级向上提高;而不易挥发组分(重组分)浓度则逐级向下提高,由此可实现具有不同相对挥发度的组分的分离。对二元组分来说,则可在塔顶得到含量较高的轻组分产物,塔底得到含量较高的重组分产物。

蒸馏是化工企业的耗能大户。精馏塔操作时,塔底再沸器中需要不断地输入高品位的能量,塔顶冷凝器中则需要用冷却水不断地带走系统中的低品位能量。精馏过程就是靠塔顶和塔底的温差推动力实现的。常规操作过程中,塔顶冷却水带走的低品位热量直接排放,从而造成能量的大量浪费,特别是对于多塔操作,能量浪费更大,因此精馏过程的节能至关重要。

精馏塔的热集成是精馏过程节能的重要途径。热集成精馏系统又称为能量集成精馏系统。热集成的基本原理是通过过程集成的方法在操作压力不同的两塔或多塔的精馏过程中,利用高压塔的塔顶蒸气作为相邻低压塔的再沸器热源,塔顶蒸气的汽化潜热被精馏系统自身回收利用,实现能量的再利用,提高精馏过程的热力学效率,从而达到节约能耗的目的。近来热集成精馏作为一种节能的新工艺已在生产中得到了广泛的应用。本精馏装置采用两个塔,利用热集成的办法达到了经济节能的目的。

三、实验流程

如图 3-43 所示,本流程采用两个精馏塔:一个加压塔(塔一)和一个常压塔(塔二),加压塔备用一个塔顶冷凝器,当不采用热集成操作时,两塔可单独进行精馏操作;当采用热集成操作时,加压塔塔顶蒸气加热低压塔釜液,塔顶蒸气被冷凝成液体后用泵打回加压塔回流器,分流成塔顶馏出液和回流液。常压塔釜液被加热产生上升蒸气,集成操作既节省了常压塔负荷,又节省了加压塔塔顶冷凝负荷。另外用常压塔塔顶蒸气预热进料,省了预热器,所以本流程中加压塔塔釜加热炉和预热器的热负荷之和即为整个流程输入的全部热量。

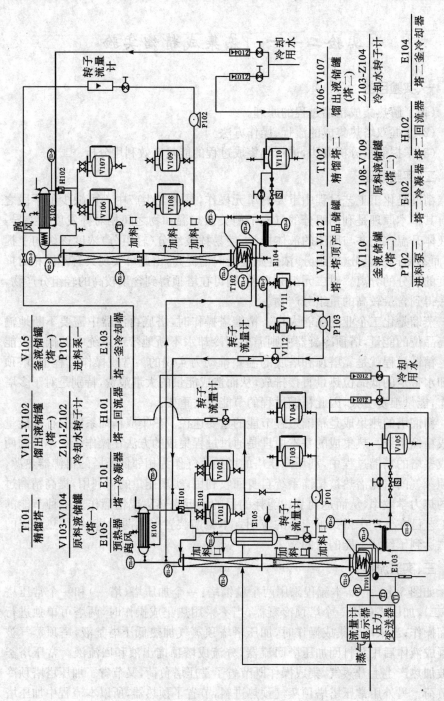

图3-43 热集成精馏流程

四、装置结构

1.加压塔(塔一)

(1)不锈钢塔体内径 50 mm,壁厚 3.5 mm,高 2.5 m。塔体分两节,装填 Φ 3.0 mm×3.0 mm(316 L θ 网环)填料,釜容积 8 L;

(2)四个进料侧口(自上而下):第一个进料口与塔顶间距 625 mm,第一个进料口与第二个进料口间距 585 mm,第二个进料口与第三个进料口间距 90 mm,第三个进料口与第四个进料口间距 375 mm,第四个进料口距塔底 625 mm;

(3)两个侧线采出口:第一个侧线采出口距塔顶 940 mm,第二个侧线采出口与第三个进料口等高;

(4)两个测温口:第一个测温口距塔顶 605 mm,第二个测温口距塔底 645 mm;

(5)回流控制器:0~99 s 可调;

(6)釜液出料冷却器:Φ 60 mm×5 mm;

(7)塔顶冷凝器(备用):Φ 159 mm×6 mm,传热面积 0.8 m²;

(8)预热器:Φ 89 mm×5 mm,传热面积 0.15 m²。

2.常压塔(塔二)

(1)不锈钢塔体内径 30 mm,壁厚 4 mm,高 2 m。塔体分两节,装填 2.5 mm ×2.5 mm(316 L θ 网环)填料,釜容积 5 L;

(2)四个进料侧口(自上而下):第一个进料口与塔顶间距 500 mm,第一个进料口与第二个进料口间距 460 mm,第二个进料口与第三个进料口间距 80 mm,第三个进料口与第四个进料口间距 460 mm,第四个进料口距塔底 500 mm;

(3)两个侧线采出口:第一个侧线采出口距塔顶 740 mm,第二个侧线采出口与第三个进料口等高;

(4)两个测温口:第一个测温口距塔顶 480 mm,第二个测温口距塔底 520 mm;

(5)回流控制器:0~99 s 可调;

(6)釜液出料冷却器:Φ 60 mm×5 mm;

(7)塔顶冷凝器:Φ 133 mm×5 mm,传热面积 0.6 m²。

两塔均垂直安装,加压塔用架子支撑在地面上,常压塔高出加压塔 2 m。

五、板面布置

控制柜的仪表盘板面布置如图 3-44 所示。

六、操作方法

1. 对于非共沸物系(如甲醇和水组成的二元物系),两塔并联操作

(1)向塔一和塔二釜中加入适量原料液或釜残液;

(2)打开控制面板总电源开关和塔一、塔二的测温表开关,显示塔各部分温度;

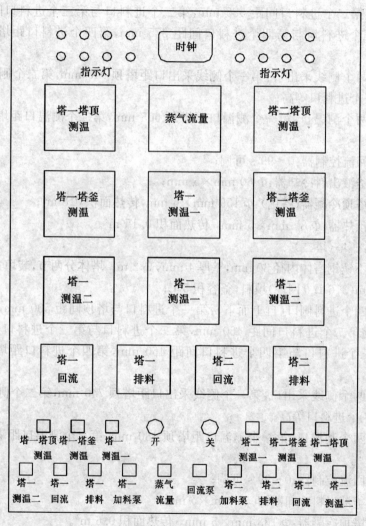

图 3-44　面板布置图

(3)打开蒸气流量开关(见图3-44),向塔一釜通蒸气加热,并计录通入蒸气量;

(4)开启冷凝水(打开 Z103,Z104 流量计阀门);

(5)当塔一釜液开始沸腾时,观察塔釜和塔顶温度变化。当塔顶出现蒸气并在中间储罐 V_{103}(V_{104})出现冷凝液时,打开回流泵和塔一回流器,保持全回流一段时间;当塔二釜液开始沸腾时,观察塔釜和塔顶温度变化,当塔顶出现气体时,打开塔二回流器,保持全回流一段时间;

(6)全回流一段时间后,待全塔温度和塔釜液位基本稳定后,开启塔一塔二加料泵,分别以给定流量加料,并向塔一预热器中通入加热蒸气;

(7)调节回流比到设定值,调节塔釜出料速率,使塔釜液位保持稳定,在选定的操作条件下操作;

(8)当塔顶和塔釜温度不再变化时,定时取釜液和塔顶馏出液进行组成分析,待塔顶和塔底组成和各塔段温度基本保持稳定后,可认为过程已达到稳定状态;

(9)实验结束后,停止进料,停止向塔一预热器通蒸气,保持全回流一段时间后,停止通入加热蒸气,待无蒸气上升时,停止回流泵,停止通冷凝水;

(10)放出塔内物料。

2.对于共沸物系(如乙醇和水组成的二元物系),两塔串联操作

(1)向塔一和塔二釜中加入适量原料液或釜残液;

(2)打开控制面板总电源开关和塔一、塔二的测温表开关,显示塔各部分温度;

(3)打开蒸气流量开关(见图 3-44),向塔一釜通蒸气加热,并计录蒸气量;

(4)开启冷凝水(打开 Z103,Z104 流量计阀门);

(5)当塔一釜釜液开始沸腾时,观察塔釜和塔顶温度变化,当塔顶出现蒸气并在中间储罐出现冷凝液时,打开回流泵和塔一回流器,保持全回流一段时间;当塔二釜液开始沸腾时,观察塔釜和塔顶温度变化,当塔顶出现气体时,打开塔二回流器,保持全回流一段时间;

(6)全回流一段时间后,待全塔温度和塔釜液位基本稳定后,开启塔一加料泵,以给定流量向塔一加料,并向塔一预热器中通入加热蒸气;开启塔一产品罐的出口阀,利用调节阀调节流量,以给定流量向塔二中加料;

(7)调节回流比到设定值,调节塔釜出料速率,使塔釜液位保持稳定,在选定的操作条件下操作;

(8)当塔顶和塔釜温度不再变化时,定时取釜液和塔顶馏出液进行分析,待塔顶和塔底组成和各塔段温度基本保持稳定后,可认为过程已达到稳定状态;

(9)实验结束后,停止进料,停止向塔一预热器通蒸气,保持全回流一段时间后,停止通入加热蒸气,待无蒸气上升时,停止回流泵,停止通冷凝水;

(10)放出塔内物料。

七、故障处理

(1)开启电源开关指示灯不亮,并且没有交流接触器吸合声,表示保险坏或电源线没有接好。

(2)开启仪表等指示灯不亮,并且没有继电器吸合声,表示分保险坏或接线有脱落的地方。

(3)显示仪表出现四位数字,表示热电偶有断路现象。

(4)操作中有强烈的交流响声,说明交流接触器吸合不良,可反复开启电源开关,如果此操作后响声仍不消失,须拆换之。

(5)当回流头的摆锤不在控制器的控制范围下动作,可能的原因为①放置位置不正确,可上下左右移动位置,找到能吸住摆锤的位置即可;②磁铁线圈坏了,用铁物靠近磁芯观察是否有吸合声来判断;③回流控制器失灵。

(6)开车过程中可能会出现蒸气供给不稳定的问题,这可能是因为管路冷或冷凝液管路内有空气所致,应注意检查阀、设备等的密封性及出口。

(7)塔—塔釜加热套压力升高,可能是冷凝水管路排水不畅,应检查后处理。

八、实验数据处理

(1)由热量衡算,分析热集成系统的能量利用情况,并与非热集成的两精馏塔的能量利用进行对比。

(2)进行热集成精馏过程的有效能分析。

九、思考题

(1)精馏效数与热集成节能效率的关系?

(2)影响热集成效率的因素有哪些?

编写人:伍联营

实验二十二　正交试验法在过滤实验中的应用

一、实验目的

(1)掌握恒压过滤常数 K, q_e, τ_e 及压缩性指数 s 的测定方法。

(2)了解正交试验方法的特点和应用方法,利用正交试验设计方法进行过滤实验的研究。

(3)通过对实验结果进行分析,确定适宜的操作条件。

二、实验内容

(1)进行三因素三水平的正交试验,考察因素分别是过滤压差 A、过滤介质(不同的滤布) B 和滤浆浓度 C。各因素的水平可参考:过滤压差在 $0.05\sim0.15$ MPa 之间取值,过滤介质取三种不同规格的滤布,滤浆浓度在 $2\%\sim5\%$ 之间取值,考察指标为恒压过滤常数 $K(m^2 \cdot s^{-1})$。采用正交试验,不考虑各因素的交互作用,用正交表 $L_9(3^4)$ 来安排试验。

(2)对实验结果进行直观分析和方差分析,根据分析结果确定适宜的操作条件。

三、实验安排

(1)本实验可根据实际情况灵活安排,作为研究性实验由学生选做,一般由学生分组共同完成,实验学时一般安排 8 学时。

(2)学生阅读实验教材并查阅有关文献,实验小组讨论确定实验方案,写出实验目的、实验内容、实验流程、操作步骤和注意事项,老师审查后确定实验方案。

(3)实验装置及实验流程参见实验六装置Ⅱ图 3-16。

四、实验报告

(1)简述实验目的、实验原理、实验方案。

(2)画出实验装置及流程图。

(3)简述实验步骤。

(4)实验数据处理:根据实验数据计算恒压过滤常数 K, q_e, τ_e 及压缩性指数 s,并对实验结果进行直观分析,作出直观分析图并作出直观分析结论。根据实验数据进行方差分析,确定适宜的操作条件。

编写人:丁海燕

验证人:张　庆

实验二十三　板式精馏塔的操作与调节

一、实验目的

了解影响精馏操作的主要因素及精馏塔操作参数的变化对精馏塔分离能力的影响。

二、实验内容

(1)测定精馏塔在全回流、稳定操作条件下,塔体内温度和组成沿塔高的分布,并确定灵敏板的位置。

（2）测定精馏塔在全回流或某一回流比下,操作稳定后的理论板数、总板效率、单板效率。

（3）在全回流、稳定操作条件下,测定塔顶组成、塔釜组成、理论板数等随塔釜加热状况的变化情况。

（4）在部分回流、稳定操作条件下,测定塔顶组成、塔釜组成、全塔效率等随回流比、进料组成及进料热状况等的变化情况。

三、实验安排

（1）本实验可作为研究性实验由学生选做,实验学时一般安排 8 学时。实验体系采用乙醇-正丙醇。

（2）学生阅读实验教材并查阅有关文献,确定实验方案,写出实验目的、实验内容、实验流程、操作步骤和注意事项,老师审查后确定实验方案。

（3）实验装置及实验流程参见实验十二图 3-25。

四、实验报告

（1）简述实验目的、实验原理、实验方案。

（2）画出实验装置及流程图。

（3）简述实验步骤。

（4）根据实验结果:

1）讨论影响精馏操作的主要因素,探讨精馏塔操作参数的变化对精馏塔分离能力的影响。

2）说明精馏塔的操作型计算对于生产的实际意义。

3）说明由于物料不平衡而引起的不正常现象及调节方法。

4）说明进料温度发生变化对操作的影响及调节方法。

5）在进料组成、进料量一定的情况下提出几种提高分离能力的调节方法。

编写人:丁海燕

验证人:张　庆

实验二十四　填料性能评价实验

一、实验目的

（1）了解填料塔流体力学性能的测定方法。

(2)了解填料性能对流体力学性能的影响。

(3)了解填料性能的评价方法。

二、实验内容

(1)测定与计算几种简单填料的特性参数。

(2)填料层压力降与空塔气速的关系曲线的测定。

(3)测定填料的液泛速度,并与文献上介绍的液泛速度及关联式进行比较。

(4)测定填料的等板高度,并评价填料的分离能力。

三、实验安排

(1)本实验作为研究性实验由学生选做,实验学时一般安排8学时。物系采用乙醇-正丙醇或正庚烷-甲基环己烷理想二元混合液。

(2)学生阅读实验教材并查阅有关文献,选定实验用填料后确定实验方案,写出实验目的、实验内容、实验流程、操作步骤和注意事项,老师审查后确定实验方案。

(3)实验装置:主要由充填一定规格填料的玻璃精馏柱及相应的加热、冷却装置组成。参见实验十三图3-26。

四、实验报告

(1)简述实验目的、实验原理、实验方案。

(2)画出实验装置及流程图。

(3)简述实验步骤。

(4)计算几种简单填料的性能参数。

(5)根据实验结果画出填料层压降与空塔气速的关系曲线。

(6)计算实验填料的泛点气速并与文献查阅值比较,根据实验结果说明填料种类的不同对填料流体力学性能的影响。

(7)计算填料的等板高度,对实验中选定的填料的分离能力进行评价。根据实验结果讨论说明不同种类的填料对分离能力的影响。

编写人:丁海燕

验证人:张 庆

实验二十五 传质强化实验

一、实验目的

(1)了解传质过程的研究方法,分析影响传质过程的因素。

（2）根据传质理论进行强化传质的探讨，培养学生自主进行实验设计的能力和自行设计或加工简单部件的能力。

二、实验内容

（1）研究各种操作条件（如气、液流量变化或回流比变化）对传质系数的影响。

（2）改换塔板（或填料）类型，研究内部构件对传质系数或填料的等板高度的影响。

（3）研究堰高、板间距等塔板结构参数对塔效率的影响。

三、实验安排

（1）本实验作为研究性实验由学生选做，实验学时一般安排 8 学时，主要对常规分离如吸收、精馏操作进行研究。

（2）学生阅读实验教材并查阅有关文献，选定实验题目后确定实验方案，写出实验目的、实验内容、实验流程、操作步骤和注意事项，老师审查后确定实验方案。

（3）实验装置：主要有可以改换塔板型式和可以改换填料类型的吸收实验装置一套（参见实验十四图 3-28）和可以改换填料种类和填料高度的玻璃精馏柱一套（参见实验十三图 3-26）。

实验装置主要包括：①可以改换塔板型式的板式塔一套；②可以改换填料类型的填料塔一套；③充填一定规格填料的玻璃精馏柱及相应的加热、冷却装置一套；④风机及泵等输送设备；⑤氧气瓶及水中溶氧浓度测定仪器、气相色谱等分析仪器。

四、实验报告

（1）简述实验目的、实验原理、实验方案。

（2）画出实验装置及流程图。

（3）简述实验步骤。

（4）根据原始数据用图表表示实验结果，并计算不同操作条件下的传质系数或填料的等板高度，分析影响传质过程的主要因素。

（5）讨论实验中发生的现象并提出进一步的研究方法和实际操作办法。

编写人：丁海燕

验证人：张　庆

实验二十六 萃取-精馏联合过程实验

一、实验目的

(1)了解难分离体系(恒沸或沸点差很小)用联合过程进行分离的特点。

(2)了解萃取操作的原理,学习测定液-液平衡数据的方法,了解盐对液-液平衡的影响。

(3)了解填料萃取塔和振动筛板萃取塔的结构和操作方法。

(4)了解加盐萃取精馏与普通精馏、萃取精馏的区别和实际操作方法。

二、实验内容

(1)利用液-液萃取将相对挥发度小的体系如甲醇-氯仿、醋酸-水体系,转化为相对挥发度大的两种溶液,然后用精馏方法进行分离得到纯组分。

(2)利用恒温水浴摇床测定体系的液-液平衡数据,计算分配系数 K 和选择性系数 β。

(3)利用萃取体系中加入盐或其他添加剂,提高原有体系的分配系数 K 和选择性系数 β。

三、实验安排

(1)本实验作为研究性实验由学生选做,实验学时一般安排 8 学时。物系采用醋酸-水、甲醇-氯仿、乙酯-水等体系。

(2)学生阅读实验教材并查阅有关文献,确定实验方案,写出实验目的、实验内容、实验流程、操作步骤和注意事项,老师审查后确定实验方案。

(3)实验装置:可利用实验十三和实验十七的实验装置(参见实验十三图 3-26和实验十七图 3-36),另外配备恒温水浴摇床和气相色谱等分析仪器。

四、实验步骤

本实验步骤以醋酸-水体系为例,用乙酯作为萃取剂。

1. 液-液平衡实验

(1)取若干根试管,加入一定量的原料液和萃取剂,在 25℃恒温条件下,用震荡水浴摇床震荡 20~30 min,静置 30~60 min,取样分析。

(2)配制不同浓度的醋酸-水溶液,重复步骤(1),可得到不同浓度下的液-液平衡数据。

(3)在 30℃下重复步骤(1)、(2)的内容。

(4)将所得实验数据分为 25℃、30℃和 25℃加盐体系,在三角形相图上分别画出醋酸-水-乙酯的液-液平衡曲线。

2.萃取工艺实验

(1)以醋酸水溶液(重相)为连续相、乙酯(轻相)为分散相进行液-液萃取实验。选择合适的操作条件进行萃取操作,操作稳定后,分别从塔顶和塔釜取样分析,并记录连续相和分散相的流量。

(2)以加入盐的醋酸水溶液(重相)为连续相、乙酯(轻相)为分散相重复以上实验。

3.精馏操作

收集萃取相进行精馏操作,以获得纯组分。

五、实验报告

(1)简述实验目的、实验原理、实验方案。

(2)画出实验装置及流程图。

(3)简述实验步骤。

(4)将液-液平衡数据列表,在三角形相图上绘图,并分析实验结果。

(5)根据萃取实验数据,绘出萃取相醋酸浓度随时间的变化曲线和残液中醋酸浓度随时间的变化曲线。

(6)计算萃取塔的等板高度。

(7)比较联合过程与单一精馏过程的优缺点。

编写人:丁海燕

验证人:张　庆

参考文献

[1] 雷良恒,潘国昌,郭庆丰.化工原理实验[M].北京:清华大学出版社,1994

[2] 王正平,陈兴娟.化学工程与工艺实验技术[M].哈尔滨:哈尔滨工程大学出版社,2005

[3] 吕维忠,刘波,罗仲宽,等.化工原理实验技术[M].北京:化学工业出版社,2007

[4] 陈敏恒,丛德滋,方图南,齐鸣斋.化工原理(上)[M].北京:化学工业出版社,2006

[5] 王雅琼,许文林.化工原理实验[M].北京:化学工业出版社,2005

[6] 史贤林,田恒水,张平.化工原理实验[M].上海:华东理工大学出版社,2005

[7] 卫静莉.化工原理实验[M].北京:国防工业出版社,2003

[8] 张金利,张建伟,郭翠梨,胡瑞杰.化工原理实验[M].天津:天津大学出版社,2005

[9] 杨祖荣.化工原理实验[M].北京:化学工业出版社,2004

附 录

附录 1 常用物理量的单位和量纲

物理量	符号（名称）	SI 单位	量纲
长度	l	m	L
质量	m	kg	M
力	F	N	LMT^{-2}
时间	t	s	T
速度	v	$m \cdot s^{-1}$	LT^{-1}
加速度	a	$m \cdot s^{-2}$	LT^{-2}
压强	p	Pa	$L^{-1}MT^{-2}$
密度	ρ	$kg \cdot m^{-3}$	$L^{-3}M$
黏度	μ	$Pa \cdot s$	$L^{-1}MT^{-1}$
温度	T	K(℃)	θ
能量（热量）	E	J	L^2MT^{-2}
比热容	C_p	$J \cdot kg^{-1} \cdot K^{-1}$（或 $J \cdot kg^{-1} \cdot ℃^{-1}$）	$L^2T^{-2}\theta^{-1}$
功率	P	W	L^2MT^{-3}
导热系数	λ	$W \cdot m^{-1} \cdot K^{-1}$（或 $W \cdot m^{-1} \cdot ℃^{-1}$）	$LMT^{-3}\theta^{-1}$
传热系数	K	$W \cdot m^{-2} \cdot K^{-1}$（或 $W \cdot m^{-2} \cdot ℃^{-1}$）	$MT^{-3}\theta^{-1}$
扩散系数	a	$m^2 \cdot s^{-1}$	L^2T^{-1}

附录 2 水的物理性质

温度 $T/℃$	密度 $\rho/$ $(kg \cdot m^{-3})$	焓 $I/$ $(kJ \cdot kg^{-1})$	比热容 $C_p/$ $(kJ \cdot kg^{-1} \cdot ℃^{-1})$	导热系数 $\lambda/(W \cdot m^{-1} \cdot K^{-1})$	黏度 $\mu \times 10^3/$ $(Pa \cdot s)$	运动黏度 $\nu \times 10^6/$ $(m^2 \cdot s^{-1})$	体积膨胀系数 β $\times 10^3/$ $℃^{-1}$	表面张力 $\sigma \times 10^3/$ $(N \cdot m^{-1})$	普朗特数 Pr
0	999.9	0	4.212	0.550 8	1.788	1.789	−0.063	75.61	13.67
10	999.7	42.04	4.191	0.574 1	1.305	1.306	0.070	74.14	9.52
20	998.2	83.90	4.183	0.598 5	1.005	1.006	0.182	72.67	7.02
30	995.7	125.69	4.174	0.617 1	0.801	0.805	0.321	71.20	5.42
40	992.2	165.71	4.174	0.633 3	0.653	0.659	0.387	69.63	4.31
50	988.1	209.30	4.174	0.647 3	0.549	0.556	0.449	67.67	3.54
60	983.2	211.12	4.178	0.658 9	0.470	0.478	0.511	66.20	2.98
70	977.8	292.99	4.167	0.667 0	0.406	0.415	0.570	64.33	2.55
80	971.8	334.94	4.195	0.674 0	0.355	0.365	0.632	62.57	2.21
90	965.3	376.98	4.208	0.679 0	0.315	0.326	0.695	60.71	1.95
100	958.4	419.19	4.220	0.682 1	0.283	0.295	0.752	58.84	1.75
110	951.0	461.34	4.233	0.684 4	0.259	0.272	0.808	56.88	1.60
120	943.1	503.67	4.250	0.685 6	0.237	0.252	0.864	54.82	1.47
130	934.8	546.38	4.266	0.685 6	0.218	0.233	0.919	52.86	1.36
140	926.1	589.08	4.287	0.684 4	0.201	0.217	0.972	50.70	1.26
150	917.0	632.20	4.312	0.683 3	0.186	0.203	1.03	48.64	1.17
160	907.4	675.33	4.346	0.682 1	0.173	0.191	1.07	46.58	1.10
170	897.3	719.29	4.379	0.678 6	0.163	0.181	1.13	44.33	1.05
180	886.9	763.25	4.417	0.674 0	0.153	0.173	1.19	42.27	1.00
190	876.0	807.63	4.460	0.669 3	0.144	0.165	1.26	40.01	0.96

附录3　干空气的物理性质

温度 $T/℃$	密度 $\rho/$ $(kg \cdot m^{-3})$	比热容 $C_p/$ $(kJ \cdot kg^{-1} \cdot ℃^{-1})$	导热系数 $\lambda/$ $(W \cdot m^{-1} \cdot K^{-1})$	黏度 $\mu \times 10^3/$ $(Pa \cdot s)$	普朗特数 Pr
−50	1.584	1.013	2.04	1.46	0.728
−40	1.515	1.013	2.12	1.52	0.728
−30	1.459	1.013	2.20	1.57	0.723
−20	1.395	1.009	2.28	1.62	0.716
−10	1.342	1.009	2.36	1.67	0.712
0	1.293	1.005	2.44	1.72	0.707
10	1.247	1.005	2.51	1.77	0.705
20	1.205	1.005	2.59	1.81	0.703
30	1.165	1.005	2.67	1.86	0.701
40	1.128	1.005	2.76	1.91	0.699
50	1.093	1.005	2.83	1.96	0.698
60	1.060	1.005	2.90	2.01	0.696
70	1.029	1.009	2.97	2.06	0.694
80	1.000	1.009	3.05	2.11	0.692
90	0.972	1.009	3.13	2.15	0.690
100	0.946	1.009	3.21	2.19	0.688
120	0.898	1.009	3.34	2.29	0.686
140	0.854	1.013	3.49	2.37	0.684
160	0.815	1.017	3.64	2.45	0.682
180	0.779	1.022	3.78	2.53	0.681
200	0.746	1.026	3.93	2.60	0.680
250	0.674	1.038	4.29	2.74	0.677

附录4 常用正交设计表

1. $L_4(2^3)$

试验号	列号		
	1	2	3
1	1	1	1
2	1	2	2
3	2	1	2
4	2	2	1

2. $L_8(2^7)$

试验号	列号						
	1	2	3	4	5	6	7
1	1	1	1	1	1	1	1
2	1	1	1	2	2	2	2
3	1	2	2	1	1	2	2
4	1	2	2	2	2	1	1
5	2	1	2	1	2	1	2
6	2	1	2	2	1	2	1
7	2	2	1	1	2	2	1
8	2	2	1	2	1	1	2

(1)$L_8(2^7)$的表头设计

因素数	列号						
	1	2	3	4	5	6	7
3	A	B	$A \times B$	C	$A \times C$	$B \times C$	
4	A	B	$A \times B$ $C \times D$	C	$A \times C$ $B \times D$	$B \times C$ $A \times D$	D
4	A	B $C \times D$	$A \times B$	C $B \times D$	$A \times C$	D $B \times C$	$A \times D$
5	A $D \times E$	B $C \times D$	$A \times B$ $C \times E$	C $B \times D$	$A \times C$ $B \times E$	D $A \times E$ $B \times C$	E $A \times D$

（2）L$_8$（2^7）二列间的交互作用

列号	列号						
	1	2	3	4	5	6	7
1	(1)	3	2	5	4	7	6
2		(2)	1	6	7	4	5
3			(3)	7	6	5	4
4				(4)	1	2	3
5					(5)	3	2
6						(6)	1
7							(7)

注:任意二列间的交互作用为另外二列

3. L$_8$（4×2^4）

试验号	列号				
	1	2	3	4	5
1	1	1	1	1	1
2	1	2	2	2	2
3	2	1	1	2	2
4	2	2	2	1	1
5	3	1	2	1	2
6	3	2	1	2	1
7	4	1	2	2	1
8	4	2	1	1	2

L$_8$（4×2^4）表头设计

因素数	列号				
	1	2	3	4	5
2	A	B	$(A \times B)_1$	$(A \times B)_2$	$(A \times B)_3$
3	A	B	C		
4	A	B	C	D	
5	A	B	C	D	E

4. $L_9(3^4)$

试验号	列号			
	1	2	3	4
1	1	1	1	1
2	1	2	2	2
3	1	3	3	3
4	2	1	2	3
5	2	2	3	1
6	2	3	1	2
7	3	1	3	2
8	3	2	1	3
9	3	3	2	1

附录 5 常用均匀设计表

1. $U_5(5^3)$

试验号	列号		
	1	2	3
1	1	2	4
2	2	4	3
3	3	1	2
4	4	3	1
5	5	5	5

$U_5(5^3)$ 的使用表

因素数	列号		
2	1	2	
3	1	2	3

2. $U_5(5^4)$

试验号	列号			
	1	2	3	4
1	1	2	3	4
2	2	4	1	3
3	3	1	4	2
4	4	3	2	1
5	5	5	5	5

$U_5(5^4)$的使用表

因素数	列号			
2	1	2		
3	1	2	4	
4	1	2	3	4

3. $U_7(7^6)$

试验号	列号					
	1	2	3	4	5	6
1	1	2	3	4	5	6
2	2	4	6	1	3	5
3	3	6	2	5	1	4
4	4	1	5	2	6	3
5	5	3	1	6	4	2
6	6	5	4	3	2	1
7	7	7	7	7	7	7

$U_7(7^6)$的使用表

因素数	列号				
2	1	3			
3	1	2	3		
4	1	2	3	6	
5	1	2	3	4	6
6	1	2	3	4	5	6

附录6   乙醇-正丙醇的气-液平衡数据

平衡温度 /℃	液相乙醇 摩尔分数 x	气相乙醇 摩尔分数 y	平衡温度 /℃	液相乙醇 摩尔分数 x	气相乙醇 摩尔分数 y
97.60	0	0	84.98	0.546	0.711
93.85	0.126	0.240	84.13	0.600	0.760
92.66	0.185 8	0.318	83.06	0.663	0.814
91.60	0.210	0.330	80.59	0.844	0.914
88.32	0.358	0.550	78.38	1.0	1.0
86.25	0.416	0.650			

附录7   乙醇-正丙醇折光率与溶液浓度的关系

乙醇质量 分数 w	乙醇摩尔 分数 m	折光率 n_D		乙醇质量 分数 w	乙醇摩尔 分数 m	折光率 n_D	
		25℃	40℃			25℃	40℃
0.000 0	0.000 0	1.386 1	1.380 3	0.521 2	0.586 4	1.373 4	1.368 5
0.037 3	0.048 1	1.385 2	1.379 8	0.587 7	0.649 9	1.371 9	1.367 1
0.095 5	0.120 9	1.383 9	1.378 8	0.653 0	0.710 3	1.370 1	1.365 3
0.152 0	0.189 2	1.382 9	1.377 1	0.721 0	0.763 0	1.368 7	1.364 0
0.213 1	0.260 8	1.380 0	1.375 8	0.767 8	0.811 5	1.367 2	1.363 1
0.277 0	0.332 9	1.378 0	1.374 0	0.833 9	0.867 3	1.365 5	1.360 8
0.339 3	0.400 8	1.376 9	1.372 9	0.910 9	0.930 1	1.363 9	1.359 8
0.388 1	0.452 4	1.375 9	1.371 8	0.959 1	0.968 3	1.362 9	1.358 1
0.458 4	0.524 3	1.374 5	1.369 7	1.000 0	1.000 0	1.360 8	1.357 1

注:乙醇-正丙醇折光率与质量分率间的关系可按下列回归式计算:

25℃:$w=56.605\ 79-40.845\ 84n_D$;40℃:$w=59.281\ 44-42.769\ 03n_D$。

附录8 常压下正庚烷-甲基环己烷的气-液平衡数据

液相中正庚烷的摩尔分数	气相中正庚烷的摩尔分数	液相中正庚烷的摩尔分数	气相中正庚烷的摩尔分数
0.031	0.035	0.559	0.578
0.058	0.062	0.599	0.618
0.095	0.103	0.640 7	0.666
0.133	0.143	0.709	0.728
0.18	0.192	0.756	0.771
0.216	0.229	0.796	0.81
0.271 5	0.289	0.843	0.853 5
0.307	0.333	0.879	0.89
0.363	0.381	0.906	0.913
0.401	0.42	0.913	0.94
0.456	0.475	0.954	0.962 5
0.501	0.521	0.98	0.986

附录9 正庚烷-甲基环己烷的组成与折光率关系表

正庚烷摩尔百分数	折光率 n_D(25℃)	正庚烷摩尔百分数	折光率 n_D(25℃)
0.02	1.419 8	0.34	1.407 5
0.06	1.418 2	0.38	1.406 1
0.10	1.416 6	0.42	1.404 7
0.14	1.415 0	0.46	1.403 2
0.18	1.413 4	0.50	1.401 8
0.22	1.411 9	0.54	1.400 4
0.26	1.410 4	0.58	1.399 0
0.30	1.409 0	0.62	1.397 6

（续表）

正庚烷摩尔百分数	折光率 n_D（25℃）	正庚烷摩尔百分数	折光率 n_D（25℃）
0.66	1.396 2	0.82	1.390 8
0.70	1.394 8	0.86	1.389 2
0.74	1.393 6	0.90	1.388 4
0.78	1.392 2		

附录 10 常压下乙醇-水的气-液平衡数据

液相中乙醇的摩尔分数	气相中乙醇的摩尔分数	液相中乙醇的摩尔分数	气相中乙醇的摩尔分数
0.0	0.0	0.45	0.635
0.01	0.11	0.50	0.657
0.02	0.175	0.55	0.678
0.04	0.273	0.60	0.698
0.06	0.340	0.65	0.725
0.08	0.392	0.70	0.755
0.10	0.430	0.75	0.785
0.14	0.482	0.80	0.82
0.18	0.513	0.85	0.855
0.20	0.525	0.894	0.894
0.25	0.551	0.90	0.898
0.30	0.575	0.95	0.942
0.35	0.595	1.0	1.0
0.40	0.614		

附录 11　乙醇-水体系浓度与折光率的关系(25℃)

乙醇摩尔分数	折光率 n_D	乙醇摩尔分数	折光率 n_D
0	1.3325	0.552 4	1.363 2
0.033 2	1.338 0	0.583 6	1.363 2
0.071 62	1.343 8	0.617 7	1.363 3
0.116 8	1.349 0	0.651 0	1.363 2
0.170 6	1.353 8	0.692 9	1.363 1
0.235 8	1.357 5	0.735 2	1.363 0
0.316 4	1.360 0	0.780 4	1.362 5
0.418 6	1.362 0	0.828 6	1.362 1
0.480 7	1.362 8	0.880 1	1.361 5
0.521 8	1.363 0	1	1.359 5

注:乙醇-水体系折光率与质量分率间的关系可按下列回归式计算:
25℃:$w=58.844\ 1-42.613\ 3n_D$。

附录 12　不同温度下氧在水中的浓度

温度/℃	浓度/(mg·L^{-1})	温度/℃	浓度/(mg·L^{-1})
0.00	14.640 0	10.00	11.416 0
1.00	14.245 3	11.00	11.168 0
2.00	13.868 7	12.00	10.930 5
3.00	13.509 4	13.00	10.702 7
4.00	13.166 8	14.00	10.483 8
5.00	12.839 9	15.00	10.271 3
6.00	12.528 0	16.00	10.069 9
7.00	12.230 5	17.00	9.873 3
8.00	11.946 5	18.00	9.682 7
9.00	11.675 2	19.00	9.491 7

（续表）

温度/℃	浓度/(mg·L⁻¹)	温度/℃	浓度/(mg·L⁻¹)
20.00	9.316 0	28.00	8.103 4
21.00	9.135 7	29.00	7.979 0
22.00	8.970 7	30.00	7.860 2
23.00	8.811 6	31.00	7.747 0
24.00	8.658 3	32.00	7.639 4
25.00	8.510 9	33.00	7.537 3
26.00	8.369 3	34.00	7.440 6
27.00	8.233 0	35.00	7.349 5

参考文献

［1］郭庆丰,彭勇.化工基础实验［M］.北京:清华大学出版社,2004

［2］杨祖荣.化工原理实验［M］.北京:化学工业出版社,2004

［3］雷良恒,潘国昌,郭庆丰.化工原理实验［M］.北京:清华大学出版社,1994

［4］冯亚云.化工基础实验［M］.北京:化学工业出版社,2000